Hochleistungs-faserverbundwerkstoffe

Herstellung und experimentelle
Charakterisierung

Von Leif A. Carlsson
und R. Byron Pipes
Universität Delaware

Aus dem Englischen übersetzt von
Dipl.-Phys. Hans Wittich
Technische Universität Hamburg-Harburg

Mit zahlreichen Abbildungen

B. G. Teubner Stuttgart 1989

CIP-Titelaufnahme der Deutschen Bibliothek

Carlsson, Leif:
Hochleistungsfaserverbundwerkstoffe : Herstellung und
experimentelle Charakterisierung / von Leif A. Carlsson u. R.
Byron Pipes. Aus d. Engl. übers. von Hans Wittich. – Stuttgart
: Teubner, 1989
   (Teubner-Studienbücher : Werkstoffe)
   Einheitssacht.: Experimental characterization of advanced composite
   materials ‹dt.›
   ISBN 3-519-03250-3
NE: Pipes, R. Byron:

Das Werk einschließlich aller seiner Teile ist urheberrechtlich geschützt. Jede Verwertung außerhalb der engen Grenzen des Urheberrechtsgesetzes ist ohne Zustimmung des Verlages unzulässig und strafbar. Das gilt besonders für Vervielfältigungen, Übersetzungen, Mikroverfilmungen und die Einspeicherung und Verarbeitung in elektronischen Systemen.
© 1987 by Prentice-Hall, Inc., A Division of Simon & Schuster, Englewood Cliffs, NJ
Titel der Originalausgabe: Experimental Characterization of Advanced Composite Materials
© 1989 der deutschen Übersetzung B. G. Teubner Stuttgart
Printed in Germany
Herstellung: Druckhaus Beltz, Hemsbach/Bergstraße
Umschlaggestaltung: M. Koch, Reutlingen

Vorwort zur deutschen Übersetzung

Zunehmend werden in hochbelasteten Bauteilen insbesondere der Luft- und Raumfahrtindustrie, aber auch der Automobilindustrie und des Maschinenbaus, Faserverbundwerkstoffe eingesetzt. Unter Hochleistungsfaserverbundwerkstoffen versteht man die Kombination endloser, hochfester und/oder hochsteifer Fasern in gerichteter Anordnung in einer Polymermatrix. Der Vorteil dieser als Laminat vorliegenden Werkstoffe ist ihre hohe spezifische Festigkeit sowie Steifigkeit, die durch Materialauswahl und Faserorientierung in weitem Rahmen auf die Anforderungen zugeschnitten werden können. Voraussetzung für die Konstruktion von Bauteilen ist jedoch die Charakterisierung des speziell verwendeten Verbundes. Dieses Buch beschreibt die dazu erforderlichen Prüfverfahren.

Die Autoren, Prof. L.A. Carlsson und Prof. R.B. Pipes haben auf diesem Gebiet am Center for Composite Materials (CCM), das der Universität Delaware in Newark (USA) angeschlossen ist, grundlegende intensive Forschungsarbeit geleistet. Ihnen sei ebenso gedankt wie Hrn. Prof. K. Friedrich, der an der Technischen Universität Hamburg-Harburg die Arbeitsgruppe Polymer-Verbundwerkstoffe leitet und durch seine langjährigen Verbindungen zum CCM und den Autoren diese Übersetzung anregte.

Hamburg im Frühjahr 1989   Hans Wittich

Danksagungen

Vielen, die zu diesem Buch beigetragen haben, sind wir zu Dank verpflichtet.

Zuerst möchten wir Frau Seija Carlsson für das Anfertigen des Manuskriptes danken. Ihre Bemühungen machten es möglich, dieses Buch in einem angemessenen Zeitrahmen fertigzustellen. Auch gilt unser Dank unseren Kollegen: Hr. Tony Thiravong für die Hilfe bei der Klärung vieler technischer Details bezüglich des Testens und der Vorbereitung der Probenkörper; Dr. John W. Gillespie jr. für viele hilfreiche Vorschläge zur Verbesserung des Manuskriptes; Hr.Dale W. Wilson und Hr. William A. Dick für die Beratung zum Testen und Herstellen der Verbunde. Hr. Anthony Smiley und Hr. William Sanford gaben ihr Wissen über die Herstellung von Thermoplast- und Duroplastverbunde.

Wir möchten Herrn Woody Snyder danken, der die meisten Fotos des Buches bereitstellte, sowie Fr. Judy Joos und Hr. Mark Deshon für ihre Zeichnungen. Hr. Sören Nilsson von dem Luftfahrt-Forschungsinstitut in Schweden stellte freundlichst das Mikrofoto für Kapitel 4 zur Verfügung. Studenten, die Teile des Textes überprüften und Verbesserungen vorschlugen sind Robert Rothschilds, Bruce Trethewey, Gary Becht, Ellen Brady und James Newill. Schließlich danken wir vielen jetzigen und früheren Studenten für die, in den vielzähligen Diagrammen gezeigten Versuchsergebnisse. Im einzelnen sind es Robert Jurf, Thomas Chapman, David Adkins, Richard Givler, Robert Wetherhold, Richard Walsh, Nicolass Ballityn, Bruce Yost, James York, Yong-Zhen Chen, Uday Kashalikar und Mark Cirino.

Newark, Delaware

Leif A. Carlsson

R. Byron Pipes

Inhaltverzeichnis

1	**Einleitung**	9
2	**Theoretischer Hintergrund**	11
	2.1 Anisotrope grundlegende Beziehungen	11
	2.2 Lamianttheorie	17
	2.3 St. Venant's Prinzip und Randeffekte in Verbunden	21
	2.4 Bruchmechanische Konzepte	22
	2.5 Festigkeit gekerbter Verbundlaminate	29
3	**Laminatherstellung**	32
	3.1 Verarbeitung von Duroplast-Prepregs	32
	3.2 Verarbeitung von Thermoplast-Prepregs	36
	3.2.1 Schneiden und Schweißen der Schichten	36
	3.2.2 Vorlaminierung des Stapels	38
	3.2.3 Formenvorbereitung - Pressen in einem Rahmen	38
	3.2.4 Pressen in einer zweiteiligen Form	39
	3.2.5 Laminieren - Konsolidierungsprozeß	40
	3.3 Mechanische Bearbeitung der Verbundlaminate	41
4	**Bestimmung des Faservolumengehalts**	44
	4.1 Verfahren zum chemischen Lösen der Matrix	44
	4.2 Mikrofotografisches Verfahren	47
5	**Zug- und Scherverhalten der Laminatschichten**	51
	5.1 Aufkleben der Aufleimer und Probenvorbereitung	52
	5.2 Aufkleben der Dehnungsmeßstreifen	54
	5.3 Zugversuch	54
	5.4 Auswertung	58

6 Druckverhalten der Laminatschichten 60
6.1 Druckversuch 68
6.2 Auswertung 69

7 Biegeverhalten der Laminatschichten 72
7.1 Probenvorbereitung und Biegeversuch 73
7.2 Auswertung 74

8 Thermoelastisches Verhalten der Laminatschichten 78
8.1 Temperaturmeßfühlersystem 78
8.2 Temperaturkompensation 80
8.3 Messung der thermischen Ausdehnung 82
8.4 Auswertung 82

9 "Off-Axis"-Verhalten der Laminatschichten 85
9.1 Scherkopplungsverhältnis und axialer Young'scher Modul 85
9.2 "Off-Axis"-Festigkeit 89
9.3 Messung des "Off-Axis"-Verhaltens 90
9.4 Auswertung 91
    9.4.1 Berechnung des Scherkopplungsverhältnisses und axialen Moduls 91
    9.4.2 Berechnung der "Off-Axis"-Festigkeit 93

10 Zugverhalten von Laminaten 96
10.1 Laminatfestigkeitsanalyse 98
10.2 Vorbereitung der Proben 100
10.3 Zugversuch 101
10.4 Auswertung 101
10.5 Analyse des Zugverhaltens 102

11	**Thermoelastisches Verhalten von Laminaten**	105
	11.1 Vorbereitung der Proben und Messung der thermischen Ausdehnung	106
	11.2 Auswertung	107
	11.3 Analyse des thermoelastischen Verhaltens	108
12	**Festigkeit gekerbter Laminate**	110
	12.1 Superposition der Festigkeit	114
	12.2 Relative Kerbempfindlichkeit	116
	12.3 Vorbereitung der Proben	117
	12.4 Zugprüfung	118
	12.5 Auswertung und Festigkeitsanalyse	119
13	**Charakterisierung des interlaminaren Bruchs**	123
	13.1 Analyse der DCB-Probe	123
	13.1.1 Stabilität des Rißwachstums	126
	13.1.2 DCB-Testdurchführung	127
	13.1.3 DCB-Auswertung	127
	13.2 Analyse der ENF-Probe	131
	13.2.1 Stabilität des Rißwachstums	132
	13.2.2 ENF-Testdurchführung	133
	13.2.3 ENF-Auswertung	133
	13.3 Analyse der CLS-Probe	136
	13.3.1 Stabilität des Rißwachstums	137
	13.3.2 CLS-Testdurchführung	138
	13.3.3 CLS-Auswertung	139
	13.3.4 Kommentar zur CLS-Probe	141
	13.4 Analyse der Arcan-Probe	141
	13.4.1 Arcan-Testdurchführung	144
	13.4.2 Arcan-Auswertung	144
	13.5 Analyse der EDT-Probe	146

	13.5.1	EDT-Durchführung	148
	13.5.2	EDT-Auswertung	148
13.6		Herstellung der Bruchmechanik-Proben	150
13.7		Vorbereitung der Bruchmechanik-Proben	155
	13.7.1	DCB-Probenvorbereitung	155
	13.7.2	Arcan-Probenvorbereitung	157

Anhang A 159
Anhang B 160
Anhang C 162
Anhang D 164
Literaturverzeichnis 165
Sachverzeichnis 173

1 Einleitung

Das meiste aus dem Inhalt dieses Buches wurde in den letzten zehn Jahren den fortgeschrittenen Studenten an der Universität in Delaware gelehrt. Während dieser Zeit ist den Autoren aufgefallen, daß kein Buch die experimentelle Charakterisierung von Hochleistungsverbundwerkstoffen auf das wesentliche komprimiert abhandelt. Die meisten heutigen Bücher behandeln nur die Analyse von Verbundwerkstoffen.

Das Ziel dieses Buches ist es, die Herstellungstechniken, Probenvorbereitung, Analyse von Testmethoden, Tests und Auswertemethoden zu beschreiben, um die mechanischen Eigenschaften, thermische Ausdehnungskoeffizienten sowie Bruch- und Festigkeitswerte von Hochleistungsverbunden zu ermitteln. Dabei wurde besonderer Wert auf die praktische Durchführung, wie Vorbereiten und Testen der Probenkörper und die Auswertemethodik gelegt. Viele Testmethoden sind ASTM-Standards oder für die ASTM-Standardisierung vorgeschlagen. Im besonderen werden einige der in Kapitel 13 beschriebenen interlaminaren Bruchtestmethoden gerade in ASTM-Komitees untersucht, um geeignete Testgeometrien, Testverfahren und Auswerteverfahren festzulegen.

Es wurde nicht der Versuch unternommen, einen detaillierten Überblick über die Mechanik oder Bruchmechanik der Verbundwerkstoffe zu geben. Abhandlungen dieser Art findet man in vielen vorangegangenen Lehrbüchern auf die im Text verwiesen wird. Nur eine Zusammenfassung des elementaren theoretischen Hintergrunds wird in Kapitel 2 gegeben. Überdies wurde nicht der Versuch gemacht einen Überblick über die verschiedenen Testmethoden zu geben, da dies anderswo behandelt wird. Die etwas detaillierter geschilderten Methoden werden für die am meist Geeignetsten und weit Verbreitetsten gehalten. Weitere neue Entwicklungen können jedoch auf diesem wachsenden Gebiet erwartet werden.

Dieses Buch beschränkt sich auf Hochleistungsverbundwerkstoffe, wegen des Interesses in dieses Material aus Sicht der fortschreitenden technischen Anwendung. Es ist interessant zu sehen, daß viele hochentwickelten Entwürfe auf Hochleistungsverbunde nicht verzichten können.

Der Text wurde für Studenten, die Interesse in experimentelle Aspekte von Hochleistungsverbundwerkstoffen haben, formuliert. Er ist auch nützlich für Ingenieure in Industrie und staatlichen Forschungsanstalten, die mehr Erfahrung in der Charakterisierung von anisotropen Materialien sammeln wollen.

2 Theoretischer Hintergrund

2.1 Anisotrope grundlegende Beziehungen

Laminierte Verbunde sind aus orthotropen Schichten (Lagen) aufgebaut, die kollimierte unidirektionale Fasern oder Fasergewebe beinhalten. Generell, im makroskopischen Sinn, wird vorausgesetzt, daß sich die Laminatschicht wie ein homogenes orthotropes Material verhält. Die grundlegende Beziehung für ein linear elastisches orthotropes Material in dem Faserkoordinatensystem (Fig. 2.1) ist [ASH 69, JON 75, WHI 84]:

$$\begin{bmatrix} \varepsilon_1 \\ \varepsilon_2 \\ \varepsilon_3 \\ \gamma_{23} \\ \gamma_{31} \\ \gamma_{12} \end{bmatrix} = \begin{bmatrix} S_{11} & S_{12} & S_{13} & 0 & 0 & 0 \\ S_{12} & S_{22} & S_{23} & 0 & 0 & 0 \\ S_{13} & S_{23} & S_{33} & 0 & 0 & 0 \\ 0 & 0 & 0 & S_{44} & 0 & 0 \\ 0 & 0 & 0 & 0 & S_{55} & 0 \\ 0 & 0 & 0 & 0 & 0 & S_{66} \end{bmatrix} \begin{bmatrix} \sigma_1 \\ \sigma_2 \\ \sigma_3 \\ \tau_{23} \\ \tau_{31} \\ \tau_{12} \end{bmatrix} \quad (2.1)$$

wobei die Spannungskomponenten (σ_i, τ_{ij}) in Fig. 2.1 definiert und die S_{ij}, Elemente der Nachgiebigkeitsmatrix sind. Die Dehnungskomponenten (ε_i, γ_{ij}) sind entsprechend den Spannungskomponenten definiert.

In einer dünnen Laminatlage wird für eine ebene Spannung gewöhnlich angenommen, daß:

$$\sigma_3 = \tau_{23} = \tau_{31} = 0 \quad (2.2)$$

Eingesetzt in Gl. (2.1) führt diese Voraussetzung zu:

$$\varepsilon_3 = S_{13}\sigma_1 + S_{23}\sigma_2$$
$$\gamma_{23} = \gamma_{31} = 0 \quad (2.3)$$

Somit ist ε_3 keine unabhängige Dehnungskomponente und braucht nicht in die grundlegende Beziehung für ebene Spannung einbezogen werden. Gl. (2.1) wird zu:

12   2 Theoretischer Hintergrund

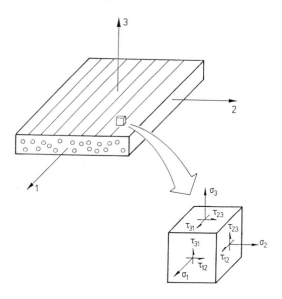

Fig. 2.1: Definition der Spannungskomponenten und der prinzipiellen Materialrichtungen für einen orthotropen Werkstoff.

$$\begin{bmatrix} \varepsilon_1 \\ \varepsilon_2 \\ \gamma_{12} \end{bmatrix} = \begin{bmatrix} S_{11} & S_{12} & 0 \\ S_{12} & S_{22} & 0 \\ 0 & 0 & S_{66} \end{bmatrix} \begin{bmatrix} \sigma_1 \\ \sigma_2 \\ \tau_{12} \end{bmatrix} \qquad (2.4)$$

Die S_{ij} stehen in folgendem Zusammenhang zu den Materialkennwerten:

$$S_{11} = \frac{1}{E_1} \;,\; S_{12} = \frac{-\upsilon_{12}}{E_1} = \frac{-\upsilon_{21}}{E_2}$$
$$S_{22} = \frac{1}{E_2} \;,\; S_{66} = \frac{1}{G_{12}} \qquad (2.5)$$

Durch Invertierung der Beziehung in Gl. (2.4) erhält man die Spannungskomponenten aus den Dehnungskomponenten:

2.1 Anisotrope grundlegende Beziehungen

$$\begin{bmatrix} \sigma_1 \\ \sigma_2 \\ \tau_{12} \end{bmatrix} = \begin{bmatrix} Q_{11} & Q_{12} & 0 \\ Q_{12} & Q_{22} & 0 \\ 0 & 0 & Q_{66} \end{bmatrix} \begin{bmatrix} \varepsilon_1 \\ \varepsilon_2 \\ \gamma_{12} \end{bmatrix} \qquad (2.6)$$

wobei die Q_{ij} reduzierte Steifigkeiten genannt werden:

$$\begin{aligned} Q_{11} &= \frac{E_1}{1-\upsilon_{12}\upsilon_{21}} \\ Q_{12} &= \frac{\upsilon_{12}E_2}{1-\upsilon_{12}\upsilon_{21}} = \frac{\upsilon_{21}E_1}{1-\upsilon_{12}\upsilon_{21}} \\ Q_{22} &= \frac{E_2}{1-\upsilon_{12}\upsilon_{21}} \\ Q_{66} &= G_{12} \end{aligned} \qquad (2.7)$$

Für eine Laminatschicht, deren Hauptmaterialachsen in einem Winkel bezüglich des x-y-Koordinatensystems (Fig. 2.2) orientiert sind, müssen die Spannungen und Dehnungen transformiert werden. Es kann gezeigt werden, daß beides, Spannungen und Dehnungen sich wie folgt transformieren lassen:

$$\begin{bmatrix} \sigma_1 \\ \sigma_2 \\ \tau_{12} \end{bmatrix} = [T] \begin{bmatrix} \sigma_x \\ \sigma_y \\ \tau_{xy} \end{bmatrix} \qquad (2.8)$$

und

$$\begin{bmatrix} \varepsilon_1 \\ \varepsilon_2 \\ \gamma_{12}/2 \end{bmatrix} = [T] \begin{bmatrix} \varepsilon_x \\ \varepsilon_y \\ \gamma_{xy}/2 \end{bmatrix} \qquad (2.9)$$

wobei für die Transformationsmatrix gilt:

$$[T] = \begin{bmatrix} m^2 & n^2 & 2mn \\ n^2 & m^2 & -2mn \\ -mn & mn & m^2-n^2 \end{bmatrix} \qquad (2.10)$$

in welcher:

$$m = \cos \theta$$
$$n = \sin \theta \qquad (2.11)$$

ist.

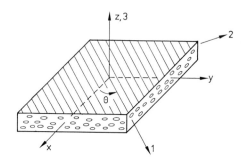

Fig. 2.2: Positive Drehung der Hauptmaterialachsen (1,2) zu willkürlichen x-y-Achsen

Durch Gl. (2.8) und (2.9) ist es möglich die Spannungs-Dehnungs-Beziehung für jedes Koordinatensystem anzugeben. So lautet die Nachgiebigkeitsbeziehung:

$$\begin{bmatrix} \varepsilon_x \\ \varepsilon_y \\ \gamma_{xy} \end{bmatrix} = \begin{bmatrix} \bar{S}_{11} & \bar{S}_{12} & \bar{S}_{16} \\ \bar{S}_{12} & \bar{S}_{22} & \bar{S}_{26} \\ \bar{S}_{16} & \bar{S}_{26} & \bar{S}_{66} \end{bmatrix} \begin{bmatrix} \sigma_x \\ \sigma_y \\ \tau_{xy} \end{bmatrix} \qquad (2.12)$$

und ähnlich die Steifigkeitsbeziehung:

$$\begin{bmatrix} \sigma_x \\ \sigma_y \\ \tau_{xy} \end{bmatrix} = \begin{bmatrix} \bar{Q}_{11} & \bar{Q}_{12} & \bar{Q}_{16} \\ \bar{Q}_{12} & \bar{Q}_{22} & \bar{Q}_{26} \\ \bar{Q}_{16} & \bar{Q}_{26} & \bar{Q}_{66} \end{bmatrix} \begin{bmatrix} \varepsilon_x \\ \varepsilon_y \\ \gamma_{xy} \end{bmatrix} \qquad (2.13)$$

wobei die Striche transformierte Größen bezeichnen, die aus:

$$\bar{S}_{11} = m^4 S_{11} + m^2 n^2 (2S_{12} + S_{66}) + n^4 S_{22}$$

$$\bar{S}_{21} = \bar{S}_{12} = m^2 n^2 (S_{11} + S_{22} - S_{66}) + S_{12}(m^4 + n^4)$$

$$\bar{S}_{22} = n^4 S_{11} + m^2 n^2 (2S_{12} + S_{66}) + m^4 S_{22}$$

$$\bar{S}_{16} = 2m^3 n (S_{11} - S_{12}) + 2mn^3 (S_{12} - S_{22}) - mn(m^2 - n^2) S_{66}$$

$$\bar{S}_{26} = 2mn^3 (S_{11} - S_{12}) + 2m^3 n (S_{12} - S_{22}) + mn(m^2 - n^2) S_{66}$$

$$\bar{S}_{66} = 4m^2 n^2 (S_{11} - S_{12}) - 4m^2 n^2 (S_{12} - S_{22}) + (m^2 - n^2)^2 S_{66}$$

(2.14)

$$\bar{Q}_{11} = m^4 Q_{11} + 2m^2 n^2 (Q_{12} + 2Q_{66}) + n^4 Q_{22}$$

$$\bar{Q}_{21} = \bar{Q}_{12} = m^2 n^2 (Q_{11} + Q_{22} - 4Q_{66}) + (m^4 + n^4) Q_{12}$$

$$\bar{Q}_{22} = n^4 Q_{11} + 2m^2 n^2 (Q_{12} + 2Q_{66}) + m^4 Q_{22}$$

$$\bar{Q}_{16} = m^3 n (Q_{11} - Q_{12}) + mn^3 (Q_{12} - Q_{22}) - 2mn(m^2 - n^2) Q_{66}$$

$$\bar{Q}_{26} = mn^3 (Q_{11} - Q_{12}) + m^3 n (Q_{12} - Q_{22}) + 2mn(m^2 - n^2) Q_{66}$$

$$\bar{Q}_{66} = m^2 n^2 (Q_{11} + Q_{22} - 2Q_{12} - 2Q_{66}) + (m^4 + n^4) Q_{66}$$

(2.15)

erhalten werden.

Hygrothermische Dehnungen:

Da Faserverbundwerkstoffe bei erhöhter Temperatur verarbeitet werden, führen thermische Dehnungen, die während des Abkühlens auf Raumtemperatur eingebracht werden, zu Restspannungen und Dimensionsänderungen. Weiterhin kann die Matrix hygroskopisch sein und zur Feuchtigkeitsabsorption neigen, die zu Quelldehnungen und Quellspannungen im Material führen können. Die grundlegende Beziehung, die Temperatur- und Quelldehnungen berücksichtigt nimmt folgende Form an [STA 63, HAL 70, WHI 70]:

$$\begin{bmatrix} \varepsilon_x \\ \varepsilon_y \\ \gamma_{xy} \end{bmatrix} = \begin{bmatrix} \bar{S}_{11} & \bar{S}_{12} & \bar{S}_{16} \\ \bar{S}_{12} & \bar{S}_{22} & \bar{S}_{26} \\ \bar{S}_{16} & \bar{S}_{26} & \bar{S}_{66} \end{bmatrix} \begin{bmatrix} \sigma_x \\ \sigma_y \\ \tau_{xy} \end{bmatrix} + \begin{bmatrix} \varepsilon_x^T \\ \varepsilon_y^T \\ \gamma_{xy}^T \end{bmatrix} + \begin{bmatrix} \varepsilon_x^S \\ \varepsilon_y^S \\ \gamma_{xy}^S \end{bmatrix} \quad (2.16)$$

wobei die hochgestellten Indizes T und S jeweils die temperatur- und quellinduzierten Dehnungen bezeichnen.

Inversion der Gl. (2.16) führt zu:

$$\begin{bmatrix} \sigma_x \\ \sigma_y \\ \tau_{xy} \end{bmatrix} = \begin{bmatrix} \bar{Q}_{11} & \bar{Q}_{12} & \bar{Q}_{16} \\ \bar{Q}_{12} & \bar{Q}_{22} & \bar{Q}_{26} \\ \bar{Q}_{16} & \bar{Q}_{26} & \bar{Q}_{66} \end{bmatrix} \begin{bmatrix} \varepsilon_x - \varepsilon_x^T - \varepsilon_x^S \\ \varepsilon_y - \varepsilon_y^T - \varepsilon_y^S \\ \gamma_{xy} - \gamma_{xy}^T - \gamma_{xy}^S \end{bmatrix} \qquad (2.17)$$

Thermische und Quelldehnungen können in vielen Fällen als lineare Funktionen der Temperatur bzw. Feuchtekonzentration beschrieben werden:

$$\begin{bmatrix} \varepsilon_x^T \\ \varepsilon_y^T \\ \gamma_{xy}^T \end{bmatrix} = \Delta T \begin{bmatrix} \alpha_x \\ \alpha_y \\ \alpha_{xy} \end{bmatrix} \qquad (2.18)$$

$$\begin{bmatrix} \varepsilon_x^S \\ \varepsilon_y^S \\ \gamma_{xy}^S \end{bmatrix} = \Delta C \begin{bmatrix} \beta_x \\ \beta_y \\ \beta_{xy} \end{bmatrix} \qquad (2.19)$$

ΔT und ΔC sind die Temperatur- bzw. Feuchtekonzentrationsänderungen. Diese Expansionsdehnungen transformieren sich genau wie die mechanischen Dehnungen (Gl. (2.9)).

Zu beachten ist, daß im prinzipiellen Materialkoordinatensystem:

$$\alpha_{16} = \beta_{16} = 0 \qquad (2.20)$$

ist, da keine Scherdehnungen durch Temperatur- und Feuchteänderungen im prinzipiellen Materialkoordinatensystem auftreten.

In den meisten Fällen sind nur stationäre Zustände der Temperatur und Feuchtekonzentration im Verbund von Interesse. In diesem Fall sind ΔT und ΔC über die Materialdimensionen konstant. In einer veränderlichen Situation muß jedoch die Wärmeleitung und Wasserdiffussion berücksichtigt werden. Es besteht eine offensichtliche Analogie zwischen beiden Phänomenen, die zuerst von Fick beobachtet wurde, der einen mathematischen Formalismus für die Diffussion, ähnlich der Wärmeleitung entwickelte [OZI 80, SPR 81].

2.2 Laminattheorie

Ein Laminat besteht aus einer Anzahl von Schichten mit einer willkürlichen ebenen Faserorientierung (Fig. 2.3). Für die Verschiebungen des Querschnitts eines Laminats wird vereinfachend angenommen, daß sich eine ursprünglich gerade und zur Mittelebene rechtwinklige Linie während der Deformation nicht verändert. Unter dieser Annahme können die nicht ebenen Scherdehnungen vernachlässigt werden:

$$\gamma_{xz} = \gamma_{yz} = 0 \qquad (2.21)$$

wobei das Laminatkoordinatensystem in Fig. 2.3 definiert ist.

Weiterhin wird die Dehnung in der Dicke (ε_z) nicht berücksichtigt. Diese Näherungen nach Kirchhoffs Plattenhypothese reduziert die Anzahl der Laminatdehnungen auf ε_x, ε_y und γ_{xy}. Die Annahme, daß Laminatquerschnitte nur Dehnungen und Krümmungen ausgesetzt sind, führt zu folgender Dehnungsverteilung:

$$\begin{bmatrix} \varepsilon_x \\ \varepsilon_y \\ \gamma_{xy} \end{bmatrix} = \begin{bmatrix} \varepsilon_x^0 \\ \varepsilon_y^0 \\ \gamma_{xy}^0 \end{bmatrix} + z \begin{bmatrix} K_x \\ K_y \\ K_{xy} \end{bmatrix} \qquad (2.22)$$

ε_x^0, ε_y^0, γ_{xy}^0 und K_x, K_y, K_{xy} sind dabei die Dehnungen und Krümmungen der Mittelebene und z der Abstand zu dieser.

Die resultierenden Kräfte und Momente erhält man durch Integration der Spannungen in jeder Schicht über die Laminatdicke h:

$$\begin{bmatrix} N_x \\ N_y \\ N_{xy} \end{bmatrix} = \int_{-h/2}^{h/2} \begin{bmatrix} \sigma_x \\ \sigma_y \\ \tau_{xy} \end{bmatrix}_k dz \qquad (2.23)$$

$$\begin{bmatrix} M_x \\ M_y \\ M_{xy} \end{bmatrix} = \int_{-h/2}^{h/2} \begin{bmatrix} \sigma_x \\ \sigma_y \\ \tau_{xy} \end{bmatrix}_k z\,dz \qquad (2.24)$$

wobei N_x, N_y, N_{xy} und M_x, M_y, M_{xy} die resultierenden Kräfte bzw. Momente sind. Der Index k bezeichnet die k-te Schicht im Laminat.

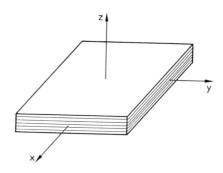

Fig. 2.3: Laminatkoordinatensystem

Die Kombination von Gl. (2.17) - (2.19) und (2.22) - (2.24) führt zu:

$$\begin{bmatrix} N_x + N_x^T + N_x^S \\ N_y + N_y^T + N_y^S \\ N_{xy} + N_{xy}^T + N_{xy}^S \end{bmatrix} = \begin{bmatrix} A_{11} & A_{12} & A_{16} \\ A_{12} & A_{22} & A_{26} \\ A_{16} & A_{26} & A_{66} \end{bmatrix} \begin{bmatrix} \varepsilon_x^0 \\ \varepsilon_y^0 \\ \gamma_{xy}^0 \end{bmatrix} + \begin{bmatrix} B_{11} & B_{12} & B_{16} \\ B_{12} & B_{22} & B_{26} \\ B_{16} & B_{26} & B_{66} \end{bmatrix} \begin{bmatrix} K_x \\ K_y \\ K_{xy} \end{bmatrix} \qquad (2.25)$$

$$\begin{bmatrix} M_x + M_x^T + M_x^S \\ M_y + M_y^T + M_y^S \\ M_{xy} + M_{xy}^T + M_{xy}^S \end{bmatrix} = \begin{bmatrix} B_{11} & B_{12} & B_{16} \\ B_{12} & B_{22} & B_{26} \\ B_{16} & B_{26} & B_{66} \end{bmatrix} \begin{bmatrix} \varepsilon_x^0 \\ \varepsilon_y^0 \\ \gamma_{xy}^0 \end{bmatrix} + \begin{bmatrix} D_{11} & D_{12} & D_{16} \\ D_{12} & D_{22} & D_{26} \\ D_{16} & D_{26} & D_{66} \end{bmatrix} \begin{bmatrix} K_x \\ K_y \\ K_{xy} \end{bmatrix} \qquad (2.26)$$

Dabei sind A_{ij}, B_{ij} und D_{ij} die Dehnungs-, Kopplungs- bzw. Biegesteifigkeiten. Für den hier vorausgesetzten Fall sind N_x^T, N_y^T, N_{xy}^T und N_x^S, N_y^S, N_{xy}^S die resultierenden thermischen Kräfte und Quellkräfte, gegeben durch:

2.2 Laminattheorie

$$\begin{bmatrix} N_x^T \\ N_y^T \\ N_{xy}^T \end{bmatrix} = \sum_{k=1}^{N} \begin{bmatrix} \bar{Q}_{11} & \bar{Q}_{12} & \bar{Q}_{16} \\ \bar{Q}_{12} & \bar{Q}_{22} & \bar{Q}_{26} \\ \bar{Q}_{16} & \bar{Q}_{26} & \bar{Q}_{66} \end{bmatrix}_k \begin{bmatrix} \alpha_x \\ \alpha_y \\ \alpha_{xy} \end{bmatrix}_k [z_k - z_{k-1}]\Delta T \qquad (2.27)$$

wobei N die Anzahl der Schichten im Laminat ist.

Die durch Quellung resultierenden Kräfte erhält man in der gleichen Weise wie die thermischen Kräfte durch Austauschen der $[\alpha_x, \alpha_y, \alpha_{xy}]_k$ mit $[\beta_x, \beta_y, \beta_{xy}]_k$ und ΔT mit ΔC in Gl. (2.27).

$[M_x^T, M_y^T, M_{xy}^T]$ und $[M_x^S, M_y^S, M_{xy}^S]$ sind die resultierenden thermischen und Quellmomente, gegeben durch:

$$\begin{bmatrix} M_x^T \\ M_y^T \\ M_{xy}^T \end{bmatrix} = \frac{1}{2} \sum_{k=1}^{N} \begin{bmatrix} \bar{Q}_{11} & \bar{Q}_{12} & \bar{Q}_{16} \\ \bar{Q}_{12} & \bar{Q}_{22} & \bar{Q}_{26} \\ \bar{Q}_{16} & \bar{Q}_{26} & \bar{Q}_{66} \end{bmatrix}_k \begin{bmatrix} \alpha_x \\ \alpha_y \\ \alpha_{xy} \end{bmatrix}_k [z_k^2 - z_{k-1}^2]\Delta T \qquad (2.28)$$

Die durch Quellung resultierenden Momente erhält man durch austauschen der α's mit β's und ΔT mit ΔC in Gl. (2.28).

Zu beachten ist, daß ΔT und ΔC als konstant über die Laminatdimensionen angenommen sind. Im nicht stationären Fall variiert die Temperatur und Feuchtekonzentration über die Laminatdicke, was in dieser Berechnung berücksichtigt werden muß [PIP 76]. In Laminaten, deren Schichten aus unterschiedlichen Materialien bestehen, variiert der Feuchtegehalt auch im stationären Fall stufenweise durch die Dicke. Dieses kann bei der Berechnung durch Ersetzen des ΔC mit $(\Delta C)_k$ berücksichtigt werden [CAR 81].

Die in Fig. 2.4 definierten Schichtkoordinaten z_k in Gl. (2.27) und (2.28) können durch folgende Rekursionsformel bestimmt werden:

$$\begin{aligned} z_0 &= -h/2 & k &= 0 \\ z_k &= z_{k-1} + h_k & k &= 1, 2, \ldots N \end{aligned} \qquad (2.29)$$

wobei h_k die Schichtdicke der k-ten Schicht ist.

Die Elemente A_{ij}, B_{ij} und D_{ij} der Steifigkeitsmatrix in Gl. (2.25) und (2.26) erhält man aus:

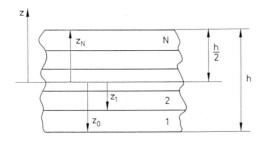

Fig. 2.4: Definition der Schichtkoordinaten z_k

$$A_{ij} = \sum_{k=1}^{N} (\bar{Q}_{ij})_k (z_k - z_{k-1})$$

$$B_{ij} = \frac{1}{2}\sum_{k=1}^{N} (\bar{Q}_{ij})_k (z_k^2 - z_{k-1}^2) \qquad (2.30)$$

$$D_{ij} = \frac{1}{3}\sum_{k=1}^{N} (\bar{Q}_{ij})_k (z_k^3 - z_{k-1}^3)$$

Die Gl. (2.25) und (2.26) lassen sich vereinfacht wie folgt schreiben:

$$\begin{bmatrix} N \\ \hline M \end{bmatrix} = \begin{bmatrix} A & | & B \\ \hline B & | & D \end{bmatrix} \begin{bmatrix} \varepsilon^0 \\ \hline K \end{bmatrix} \qquad (2.31)$$

wobei [N] und [M] für die linke Seite von Gl. (2.25) und (2.26), insbesondere auch die Summe aus mechanischen und hygrothermischen Kräften und Momenten steht.

Manchmal ist es nützlich die Dehnungen und Krümmungen der Mittelebene als Funktion der Kräfte und Momente auszudrücken. Dies erreicht man durch Inversion der Gl. (2.31):

$$\begin{bmatrix} \varepsilon^0 \\ \hline K \end{bmatrix} = \begin{bmatrix} A' & | & B' \\ \hline C' & | & D' \end{bmatrix} \begin{bmatrix} N \\ \hline M \end{bmatrix} \qquad (2.32)$$

Die Ausdrücke für [A'], [B'], [C'] und [D'] sind im Anhang A gegeben.

2.3 St. Venants Prinzip und Randeffekte in Verbundwerkstoffen

Bei dem Testen und Beurteilen von anisotropen Verbundwerkstoffen wird generell angenommen, daß ein gleichförmiger Spannungs- und Dehnungszustand in der Testregion herrscht. Die Rechtfertigung einer solchen Vereinfachung basiert gewöhnlich auf dem St. Venants Prinzip. Nachdem ist der Unterschied zwischen den Spannungen, hervorgerufen durch ein quasistatisches Belastungssystem, in Entfernungen größer als die größte Dimension des Querschnitts über den die Kräfte wirken, unsignifikant [TIM 70].

Jedoch basiert diese Abschätzung auf isotrope Materialeigenschaften. Für anisotrope Verbundwerkstoffe kann die Situation komplizierter sein. Horgan et al. [HOR 72, CHO 77, HOR 82] zeigten, daß die Anwendung des St. Venants Prinzips auf eben elastische Probleme mit anisotropen Materialien nicht allgemein gerechtfertigt ist. Für das spezielle Problem eines an den Enden belasteten, rechteckigen Streifens aus hoch anisotropen Material wurde gezeigt, daß die Spannung sich der gleichförmigen St. Venants Lösung viel langsamer nähert, als die entsprechende Lösung für ein isotropes Material [CHO 77]. Das St. Venants Prinzip beinhaltet ein exponentielles Abklingen der Spannungen. Somit ist es möglich, eine Abklinglänge λ zu definieren, bei der eine an den Enden eingebrachte, selbstausgleichende Spannung auf eine zu vernachlässigende Größe abklingt. Eine Abschätzung der oberen Grenze [HOR 72] für die charakteristische Abklinglänge zeigt, daß λ von der Form:

$$\lambda = O[(E_1/G_{12})^{1/2} b] \tag{2.33}$$

sein muß, wobei b die größte Dimension des Querschnitts ist.

Für die exakte Abklingrate in rechteckigen Streifen mit Zugbelastung nur an den Enden wurde folgende asymptotische Abschätzung erhalten [CHO 77], wenn sich G_{12}/E_1 null nähert:

$$\lambda \approx \frac{b}{2\pi} (E_1/G_{12})^{1/2} \tag{2.34}$$

In dieser Beziehung ist λ als Abstand, über den die selbstausgleichende Spannung auf $1/e$ ihres Wertes am Ende abklingt, definiert. Wenn E_1/G_{12} groß ist, ist die Abklinglänge groß und

Randeffekte werden eine zu beachtende Strecke in den Testabschnitt übertragen.

Gl. (2.34) kann für Konstruktionszwecke auch für orthotropische Werkstoffe mit mäßigem Orthotropieverhältnis E_1/E_2, wie durch die Finite Elemente Analyse für orthotrope Schraubenverbindungen gezeigt werden konnte [CAR 86], benutzt werden. Im limitierenden Fall von isotropen Materialeigenschaften, wurde auch eine gute Übereinstimmung von Gl. (2.34) mit numerischen Daten gefunden [CAR 86a].

Experimentell zeigte Arridge et al. [ARR 76], daß ein Größenverhältnis von ungefähr 80-100 gebraucht wird, um Einflüsse von Einspannungseffekten beim Testen von hochanisotropen, verstreckten Polyethylenfilmen zu vermeiden. Dieses Größenverhältnis ist in qualitativer Übereinstimmung mit Gl. (2.34). Ein verwandtes Problem, welches in Kapitel 9 diskutiert wird, ist das Scherkopplungsphänomen, das das Testen von Verbundwerkstoffen mit einer Belastung in einem Winkel zur Faserorientierung erschwert [PAG 68].

2.4 Bruchmechanische Konzepte

Die Bruchmechanik befaßt sich mit den Auswirkungen von Fehlern und Rissen auf die Festigkeit eines Materials oder Bauteils. Gegenstand der bruchmechanischen Berechnungen ist die Vorhersage des Rißwachstumbeginns für einen Körper mit Riß einer bestimmten Länge. Für die Berechnung der kritischen Belastung für einen rißbehafteten Verbundwerkstoff wird generell vorausgesetzt, daß die Größe der plastischen Zone an der Rißspitze klein gegenüber der Rißlänge ist. Die linear elastische Bruchmechanik kann für bestimmte Rißtypen in Verbundwerkstoffen angewendet werden, insbesondere für interlaminare Risse [WIL 82] oder in Faserrichtung verlaufende Risse in einem unidirektonalen Verbund [WU 67]. Für multidirektionale Verbundlaminate mit Rissen oder Kerben durch die Dicke wurde gezeigt, daß die nichtlineare Bruchmechanik nötig sein kann [ARO 84].

Das Gleichgewicht eines existierenden Risses kann durch die Intensität der elastischen Spannung um die Rißspitze oder durch das

2.4 Bruchmechanische Konzepte 23

Griffith Energiekriterium beschrieben werden. Das Griffith Energiekriterium sagt aus, daß Rißwachstum nur dann auftritt, wenn die zur Vergrößerung des vorhandenen Risses benötigte Oberflächenenergie vom System aufgebracht werden kann [BRO 84]. Lösungen der elastischen Spannungsfelder isotropischer [WES 39] und anisotropischer Materialien [SIH 65] zeigen, daß Spannungssingularitäten in Verbindung mit intralaminar verlaufenden Rissen vom $r^{-1/2}$ - Typ sind, wobei r der Abstand von der Rißspitze ist. Wegen der Spannungssingularität können Spannungsintensitätsfaktoren K_I, K_{II} und K_{III} für Normalbelastung, Längsschub und Querschubprobleme definiert werden (Fig. 2.5). Zum Beispiel können für eine anisotrope Platte mit einem Riß der halben Länge a, der in einem Winkel α zur Lastrichtung orientiert ist (Fig. 2.6), die Spannungsintensitätsfaktoren K_I und K_{II} [SIH 65] durch:

$$K_I = \sigma_\infty \sqrt{a} \sin^2 \alpha$$

$$K_{II} = \sigma_\infty \sqrt{a} \sin \alpha \cos \alpha$$

(2.35)

bestimmt werden, wobei σ_∞ die Fernfeldspannung ist.

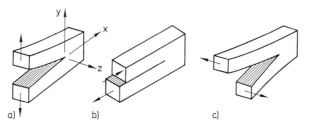

Fig. 2.5: Moden der Rißoberflächenverschiebung.
(a) Modus I: Normalbelastung, (b) Modus II: Längsschubbelastung, (c) Modus III: Querschubbelastung

Bei interlaminaren Bruchproblemen können jedoch oszilierende Spannungs- und Verschiebungsfelder wegen der unterschiedlichen anisotropen elastischen Eigenschaften über und unter der Delamination auftreten [WAN 83a]. Dieses physikalisch unabwendbare Problem kann durch Modelle gelöst werden, die Rißschließung einbeziehen [WAN 83b]. Für bestimmte Verbundlaminate können die Rißschließungseffekte groß sein und müssen in der bruchmechanischen Analyse berücksichtigt werden [WAN 83a]. Im allgemeinen ist es nicht möglich, die Spannungsintensitätsfaktoren

24   2 Theoretischer Hintergrund

K_I, K_{II} und K_{III} für Risse zwischen ungleichen anisotropen Verbundschichten in der gleichen Weise, wie für Risse in einem homogenen Material zu bestimmen. Analysen der Spannungsintensitätsfaktoren für diesen Fall beinhalten eine sich vom homogenen Bruch unterscheidende physikalische Interpretation [WAN 83a].

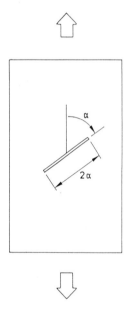

Fig. 2.6:   Anisotrope Platte mit in einem Winkel α zur Belastungsrichtung orientierten Riß

Aus diesen und anderen Gründen ist es übliche Praxis, den interlaminaren Bruch mit der Energiefreisetzungsrate in ebener Dehnung (G) zu charakterisieren. Diese Größe basiert auf Energiebetrachtungen und ist mathematisch definiert sowie physikalisch in Experimenten meßbar. Die Energiemethode, welche von der ursprünglichen Griffithmethode stammt [GRI 20], basiert auf einem thermodynamischen Kriterium für Materialbruch. Es wird die Energie betrachtet, die einerseits für Rißwachstum vom System verfügbar ist und andererseits zur Schaffung neuer Rißoberfläche benötigt wird. Ein Potential H kann für einen angerissenen Körper wie folgt definiert werden:

2.4 Bruchmechanische Konzepte

$$H = W - U \tag{2.36}$$

wobei W die durch externe Kräfte zugeführte Arbeit und U die im Körper gespeicherte elastische Dehnungsenergie ist. Wenn G_c die für eine Einheit Rißoberfläche benötigte Arbeit ist, kann ein Kriterium für Rißwachstum formuliert werden:

$$\delta H \geq G_c \delta A \tag{2.37}$$

wobei δA die Rißoberflächenzunahme ist.

Kritische Verhältnisse treten auf, wenn die zugeführte Nettoenergie gerade die benötigte Energie ausgleicht:

$$\delta H = G_c \delta A \tag{2.38}$$

Das Gleichgewicht wird instabil, wenn die zugeführte Nettoenergie die benötigte Energie an der Rißspitze überschreitet:

$$\delta H > G_c \delta A \tag{2.39}$$

Die Energiefreisetzungsrate in ebener Dehnung (G) ist definiert als:

$$G = \frac{\delta H}{\delta A} \tag{2.40}$$

Unter Benutzung des Ausdrucks G kann darum das Bruchkriterium als:

$$G \geq G_c \tag{2.41}$$

formuliert werden.

Dieses Konzept wird nun jeweils für einen linear elastischen Körper mit Riß der Länge a und a+δa beschrieben. Fig. 2.7 zeigt das Kraft (P)-Weg (u)-Verhalten für einen angerissenen Körper, wobei Rißwachstum einerseits bei konstanter Kraft oder andererseits bei konstantem Weg angenommen wird.

Für den Fall konstanter Kraft ist:

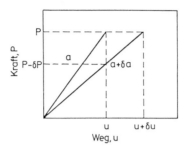

Fig. 2.7: Kraft-Weg-Verhalten für einen rißbehafteten Körper

$$\delta U = \frac{P\delta u}{2}$$

$$\delta W = P\delta u \tag{2.42}$$

Mit Gl. (2.36) ergibt sich:

$$\delta H = P\delta u - P\delta u/2 = P\delta u/2 \tag{2.43}$$

und mit Gl. (2.40):

$$G = \frac{P}{2}\frac{\partial u}{\partial A} \tag{2.44}$$

Im Fall konstanten Weges ist die Arbeit gleich null und:

$$\delta U = \frac{u\delta P}{2} \tag{2.45}$$

Wegen der Steifigkeitsabnahme mit Rißverlängerung wird δP negativ und G ist:

$$G = -\frac{u}{2}\frac{\partial P}{\partial A} \tag{2.46}$$

Für linear elastische Körper kann die Relation zwischen Kraft und Rißöffnung durch:

$$u = CP \tag{2.47}$$

ausgedrückt werden, wobei C die Nachgiebigkeit der Probe ist. Einsetzen in Gl. (2.44) (Fall der konstanten Kraft) ergibt:

2.4 Bruchmechanische Konzepte

$$G = \frac{P^2}{2} \frac{\partial C}{\partial A} \qquad (2.48)$$

und Einsetzen von P = u/C in Gl. (2.46) (Fall des konstanten Weges) ergibt:

$$G = \frac{u^2}{2C^2} \frac{\partial C}{\partial A} = \frac{P^2}{2} \frac{\partial C}{\partial A} \qquad (2.49)$$

Konsequenterweise reduzieren sich Gl. (2.44) und Gl. (2.46) zum gleichen Ausdruck. Dieser Ausdruck ist für die experimentelle Bestimmung von G brauchbar und wird in Kapitel 13 zur Ableitung von Ausdrücken für G bei verschiedenen Probengeometrien benutzt.

Wie bei den Spannungsintensitätsfaktoren K_I, K_{II} und K_{III} ist es möglich, G in drei Komponenten zu zerlegen (Fig. 2.5):

$$G = G_I + G_{II} + G_{III} \qquad (2.50)$$

Theoretisch basiert die Zerlegung in Moden auf Irwins Behauptung, daß die durch eine geringe Rißverlängerung Δa absorbierte Energie gleich der benötigten Arbeit zur Schließung des Risses auf seine ursprüngliche Länge ist [IRW 58]:

$$G_I = \lim_{\Delta a \to 0} \frac{1}{\Delta a} \int_0^{\Delta a} \sigma_y(\Delta a - r)\, \bar{v}(r,\pi)\, dr$$

$$G_{II} = \lim_{\Delta a \to 0} \frac{1}{\Delta a} \int_0^{\Delta a} \tau_{xy}(\Delta a - r)\, \bar{u}(r,\pi)\, dr \qquad (2.51)$$

$$G_{III} = \lim_{\Delta a \to 0} \frac{1}{\Delta a} \int_0^{\Delta a} \tau_{xz}(\Delta a - r)\, \bar{w}(r,\pi)\, dr$$

wobei r der radiale Abstand von der Rißspitze, σ_y, τ_{xy} und τ_{xz} die Normal-, Längsschub- und Querschubspannung nahe der Rißspitze sowie v, u und w die relative Rißöffnung bzw. -verschiebung zwischen Punkten auf den Rißflächen sind.

Da die physikalische Interpretation der in Gl. (2.51) definierten Integrale der benötigte Arbeitsaufwand ist, um den Riß zur ursprünglichen Position zu schließen, sind diese Ausdrücke zur Präsentation als Finite Elemente geeignet [RYB 77]. Fig. 2.8 zeigt wie eine bekannte Rißverlängerung in das Finite Elemente-Netz durch Verzweigung an einem Knoten in zwei unterschiedliche Knoten eingebaut werden kann. Durch Anwendung von Knotenkräften an den verzweigten Knoten in drei unterschiedliche Richtungen ist es möglich, die Knoten so wieder zusammenzubringen, wie sie vor der Verzweigung waren [WAN 80]. Fig. 2.8 illustriert diese Technik für einen zweidimensionalen Fall.

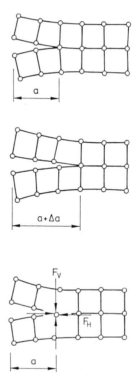

Fig. 2.8: Die Rißschließungstechnik in Finiten Elementen. F_H und F_V sind horizontale und vertikale zur Rißschließung angelegte Kräfte

Im Fall eines Risses in einem orthotropen Material, in dem der Riß in einer Symmetrierichtung orientiert ist, kann die Energiefreisetzungsrate in ebener Dehnung aus den Spannungsintensitätsfaktoren berechnet werden [SIH 65]. Nur für diesen speziellen Fall sind die drei Bruchmoden ungekoppelt.

2.5 Festigkeit gekerbter Verbundlaminate

In der vorangestellten Diskussion der Bruchmechanik wurde angemerkt, daß die linear elastische Bruchmechanik (LEFM, "linear elastic fracture mechanics") unter bestimmten Bedingungen, wie Bruch von unidirektionalen Faserverbunden und interlaminaren Brüchen angewendet werden kann. Für den technisch interessanten Fall von multidirektionalen Verbunden mit Kerben oder Rissen ist die Anwendung der LEFM jedoch unsicher. Der typische Riß wie er in Metallen unter zyklischer Belastung auftritt existiert nicht in laminierten Verbunden. Es tritt eher eine komplexe Schadenszone an der Spitze des künstlich erzeugten Kerbs auf [ARO 84, AWE 85], so daß die Annahme in der LEFM, einer kleinen Prozeßzone und gleichförmigen Rißwachstums, nicht mehr zutreffen. Im mikroskopischen Maßstab erscheint der Schaden an der Rißspitze als Faserauszug, Mikrorisse der Matrix, Faser-Matrix-Oberflächenversagen usw. [AWE 85]. Der Schadenstyp und dessen Wachstum hängt stark von der Laminatschichtung, Matrix-, Fasertyp usw. ab [ARO 84, AWE 85].

Wegen des komplexen Bruchverhaltens von Faserverbundlaminaten sind die entwickelten Methoden zur Vorhersage der Zugfestigkeit halbempirisch. Awerbuch und Madhukar [AWE 85] geben einen exzellenten Überblick der verschiedenen Festigkeitsmodelle für Laminate mit Rissen oder Löchern. In diesem Buch ist nur der technisch wichtigste Fall der Zugfestigkeit von Laminaten mit einem kreisförmigen Loch ausgewählt.

Experimentelle Werte zeigen, daß die Zugfestigkeit von Laminaten wegen der Spannungskonzentration durch das Loch stark erniedrigt ist. Der Spannungskonzentrationsfaktor (K_T^∞) ist für eine endlose Platte mit einem kreisförmigen Loch (Fig. 2.9) als Normalspannung am Lochrand (x = R, y = 0) dividiert durch die Fernfeldnormalspannung definiert:

$$K_T^\infty = \frac{\sigma_y(R,0)}{\sigma_y^\infty} \qquad (2.52)$$

K_T^∞ kann durch die orthotropen elastischen Eigenschaften der Platte ausgedrückt werden:

$$K_T^\infty = 1 + \sqrt{2\left(\sqrt{E_y/E_x} - \upsilon_{xy} + E_y/(2G_{xy})\right)} \qquad (2.53)$$

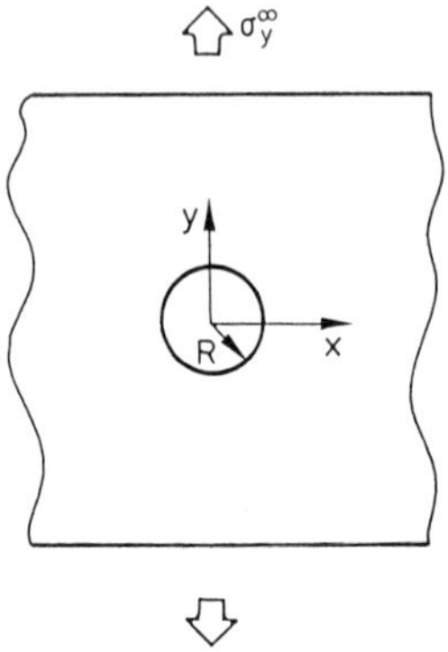

Fig. 2.9: Endlos-Platte mit einem kreisförmigen Loch unter entfernt angreifendem, gleichförmigem Zug

Der Spannungskonzentrationsfaktor für ein isotropes Material ist 3. Für hoch anisotrope Verbunde ist der Spannungsintensitätsfaktor viel größer (bis zu 9 für unidirektionale kohlenstoffaserverstärktes Epoxidharz). Jedoch verringert sich die Laminatfestigkeit nicht proportional zu dem Spannungskonzentrationsfaktor. Dieses erklärt sich durch die Möglichkeit bei laminierten Verbunden, hohe Spannungen durch Schaffung lokaler Schäden umzuverteilen. Dieser Punkt wird durch den in Verbundlaminaten auftretenden Effekt der Lochgröße noch betont. Auch wenn der Spannungskonzentrationsfaktor K_T^∞ unabhängig von der Lochgröße ist, führen große Löcher zu größerer Festigkeitsabnahme als kleine Löcher. Die Normalspannungsverteilung am Lochrand ($x \geq R$) ist näherungsweise durch folgenden Ausdruck gegeben [KON 75]:

$$\frac{\sigma_y(x,0)}{\sigma_y^\infty} = \frac{1}{2}\left[2 + \left(\frac{R}{x}\right)^2 + 3\left(\frac{R}{x}\right)^4 - (K_T^\infty - 3)\left(5\left(\frac{R}{x}\right)^6 - 7\left(\frac{R}{x}\right)^8\right)\right] \qquad (2.54)$$

Fig. 2.10 zeigt die Normalspannungsverteilung für ein isotropes Material ($K_T^\infty = 3$) für zwei unterschiedliche Lochgrößen. Offen-

2.5 Festigkeit gekerbter Verbundlaminate

sichtlich ist die Spannungskonzentration für das kleinere Loch viel mehr lokalisiert als für das größere Loch, was zu einer höheren Festigkeit durch die größere Möglichkeit zur Spannungsumverteilung führt. Auch ist das Volumen, unter großer Spannung stehenden Materials für das kleinere Loch geringer, was zu der kleineren Wahrscheinlichkeit eines kritischen Fehlers in diesem Volumen führt. Einige der meist gebräuchlichen und leicht anzuwendenden Modelle für die Festigkeitsvorhersage, bei denen die Spannungsverteilung benutzt wird, sind in Kapitel 12 diskutiert.

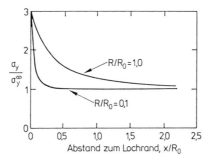

Fig. 2.10: Normalspannungsverteilung am Lochrand für eine isotrope Platte

3 Laminatherstellung

Die Herstellung von Laminaten ist ein überaus wichtiges Thema [LOO 83, KAR 83, NIL 85, BEL 84]. Während des Aushärtens von duroplastischen Materialien wird das Prepreg (vorimprägniertes Fasergelege) durch Wärmeeinwirkung vom harten in den flüssigen Zustand gebracht. Überschüssiges flüssiges Harz wird durch den aufgebrachten Druck herausgedrückt bevor das Harz durch eine generell hoch exotherme chemische Reaktion ein dreidimensionales molekulares Netzwerk (Gel) bildet. Der aufgebrachte Druck stellt auch die Kraft zur Konsolidierung der Schichten und dem Verdichten von Luftblasen zur Verfügung, um ein Produkt mit minimalem Blasengehalt zu erhalten. Die Herstellung von thermoplastischen Verbunden beinhaltet das Erwärmen des Prepreg über den Schmelzpunkt des Kunststoffes in einer Presse, Aufbringen des Konsolidierungsdruckes und Kühlung. Für teilkristalline Kunststoffe ist es wichtig, den geforderten Kristallisationsgrad zu erhalten. Diesbezüglich kann die Abkühlrate kritisch sein [BEL 84, VEL 86]. Andererseits ist für amorphe thermoplastische Kunststoffverbunde, die in der Entwicklung sind, die Abkühlrate kein zu beachtender Punkt [GIB 84].

In diesem Kapitel werden nur einige der meistverwendeten Verfahren zur Herstellung relativ dünner Laminate geschildert. Es wird empfohlen nachdem eine Platte hergestellt ist, sie zerstörungsfrei durch die Ultraschall-C-Scan-Methode zu untersuchen. Wenn es sich dabei herausstellt, daß diese Platte Delaminationen oder ein unakzeptabel hohen Blasengehalt enthält, sollte sie ausgesondert und eine neue Platte hergestellt werden.

3.1 Verarbeitung von Duroplast-Prepregs

Fig. 3.1 zeigt die Schichtfolge für das Vakuumtaschen-Verfahren für einen typischen Epoxidharzmatrix-Verbund. Andere Schichtfolgen können für andere Pregtypen erforderlich sein.

3.1 Verarbeitung von Duroplast-Prepregs

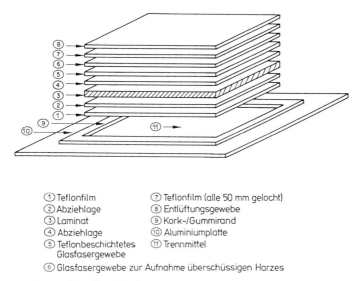

① Teflonfilm
② Abziehlage
③ Laminat
④ Abziehlage
⑤ Teflonbeschichtetes Glasfasergewebe
⑥ Glasfasergewebe zur Aufnahme überschüssigen Harzes
⑦ Teflonfilm (alle 50 mm gelocht)
⑧ Entlüftungsgewebe
⑨ Kork-/Gummirand
⑩ Aluminiumplatte
⑪ Trennmittel

Fig. 3.1: Vakuum-Taschen-Vorbereitung

(a) Versehe die Aluminiumplattenoberfläche (10) mit Anti-Haftmittel. Vorher sollte die Platte genügend mit Aceton oder anderem Lösungsmittel gesäubert werden.

(b) Lege die Teflonfolie (1) und die Abziehlage (Nylontuch)(2) auf die Aluminiumplatte. Die Teflonfolie wird zum Lösen der Schichten von der Aluminiumplatte und die Abziehlage zum Erhalt der geforderten Oberflächenqualität des Laminats benötigt. Achtung: Die Abziehlage sollte glatt liegen und die Abmessungen identisch mit denen des Laminats sein.

(c) Lege den Prepreg-Stapel (3) unter Beachtung von ungefähr 50 mm Abstand zum Rand auf die Platte. Achtung: Der Vakuumanschluß in der Platte darf nicht bedeckt werden.

(d) Lege einen Streifen aus Kork- oder Gummimaterial (9) unter Beachtung , daß keine Lücken auftreten und ein vollständiger Damm um das Laminat entsteht, entlang jedes Randes des Stapels. Der Damm wird um das Laminat gelegt, um eine Verschiebung zu verhindern und den Harzfluß parallel zur Aluminiumplatte und durch die Ränder des Laminats gering zu halten [LOO 83].

3 Laminatherstellung

(e) Umlege den Prepreg-Stapel und den Korkrand mit einem Klebestreifen. Das Klebematerial dient als Vakuumdichtung.

(f) Lege eine Abziehlage (4) und eine Lage teflonbeschichtetes Glasfasergewebe (5) mit den gleichen Abmessungen des Laminatstapels auf. Der Zweck des teflonbeschichteten Glasfasergewebes ist, das Haften der folgenden Glasfasergewebe auf dem Laminat zu vermeiden.

(g) Lege eine geeignete Anzahl von Glasfasergewebe zur Aufnahme überschüssigen Harzes (6) auf das teflonbeschichtete Glasfasergewebe (5).

(h) Lege eine Lage Teflonfolie (7) auf das Glasfasermaterial. Perforiere die Folie alle 50 mm mit einer Nadel. Diese perforierte Teflonfolie verhindert das Eindringen von überschüssigem Harz in das Entlüftungsgewebe (8).

(i) Lege ein Entlüftungsgewebe (grobes Glasfasergewebe) (8) über den Stapel und den Vakuumanschluß. Beachte, daß das Absaugrohr vollständig mit dem Entlüftungsgewebe bedeckt ist. Das porige Entlüftungsgewebe dient zum Absaugen von Ausgasungen in das angelegte Vakuum und zur gleichmäßigen Verteilung des Vakuums.

(j) Lege Nylonfolie über den vollständigen Stapel und dichte sie mit dem Klebestreifen ab. Spare nicht mit der Folie, damit sie sich den Konturen anpassen kann und nicht eingestochen wird.

(k) Lege den Stapel in den Autoklaven und schließe das Vakuum an (Fig. 3.2). Generell ist ein Autoklav ein großer, mit einer Temperatur- und Druckkontrolle ausgestatteter Druckbehälter. Die hohen Drücke und Temperaturen, die für die Prepreg-Verarbeitung nötig sind, werden normalerweise durch ein elektrisch aufgeheiztes, unter Druck stehendem inerten Gas (Stickstoff) aufgebracht. Inertes Gas wird benutzt, um Oxidation zu vermeiden, die bei höheren Temperaturen im Harz auftreten kann.

(l) Schalte die Vakuumpumpe an und prüfe ob Lecks vorhanden sind. Halte ein Vakuum von 650 - 750 mm Quecksilbersäule für zwanzig Minuten und suche nochmals nach Lecks.

(m) Starte nach dem Schließen der Autoklaventür den Aushärtezyklus wie er in Fig. 3.3 dargestellt ist. Mit ansteigender Temperatur nimmt die Harzviskosität schnell ab und die chemische

3.1 Verarbeitung von Duroplast-Prepregs

Fig. 3.2: Fertiger Vakuum-Taschen-Stapel im Autoklaven

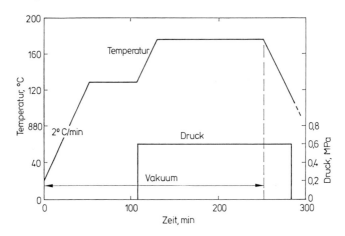

Fig. 3.3: Typischer Aushärtezyklus für einen Kohlenstofffaser/Epoxidharz-Prepreg

Reaktion beginnt. Am Ende des Temperaturplateaus, bei 127°C ist die Harzviskosität auf dem Minimum und der Druck wird auferlegt, um überschüssiges Harz herauszudrücken. Durch die Temperaturhaltezeit wird die chemische Reaktion kontrolliert und eine Zerstörung des Materials durch exotherme Überhitzung vermieden. Der

Druck wird während des gesamten Zyklus konstant gehalten, um die Schichten zu konsolidieren bis das Harz im Laminat am Ende der Abkühlphase in seinem spröden Zustand ist. Das Vakuum sollte während des gesamten Aushärtezyklus kontrolliert werden. Vakuumverlust ergibt schlecht verarbeitete Laminate. Durch das angelegte Vakuum wird ein gleichmäßiger Druck auf das Laminat gewährleistet und während des Aushärtens entstandene Gase herausgesaugt.

(n) Nach dem Abschalten des Autoklaven wird der Druck solange gehalten bis die Temperatur auf ungefähr 100°C gesunken ist.

(o) Löse vorsichtig das Laminat von der Aluminiumplatte. Hebe dazu leicht das Laminat parallel zu seiner Hauptfaserrichtung an. Vermeide das Anheben rechtwinklig zur Faserrichtung.

(p) Säubere die Aluminiumplatte für weiteren Gebrauch.

3.2 Verarbeitung von Thermoplast-Prepregs

Wegen der teilkristallinen Matrix einiger gebräuchlicher thermoplastischer Verbunde, erfordern sie andere Verarbeitungsmethoden als die Duromerverbunde [BEL 84, VEL 86]. Die Herstellung von Laminaten beinhaltet das Stapeln der Prepregs, welche dann in einer Presse eingelegt (Fig. 3.4), über die Schmelztemperatur der Matrix unter geringem Druck erwärmt und dann dem Konsolidierungsdruck ausgesetzt werden. Schließlich wird das Laminat schnell abgekühlt, um eine Kristallinität einzustellen, die konsistente Eigenschaften sichert.

3.2.1 Schneiden und Schweißen der Schichten

Die Laminatplatte besteht aus mehreren Lagen vorimprägnierter Bänder. Der Prepregstapel wird durch ausschneiden von Abschnitten mit vorgesehener Orientierung aus dem Band hergestellt (Fig. 3.5). Das Band wird dann anliegend zum ersten Abschnitt ausgerichtet und nochmals auf Plattengröße geschnitten. Diese Schnitte werden sooft wiederholt, bis eine komplette Einzellage aus dem Bandmaterial entstanden ist. Die Ränder der Bandabschnitte werden ausgerichtet

3.2 Verarbeitung von Thermoplast-Prepregs

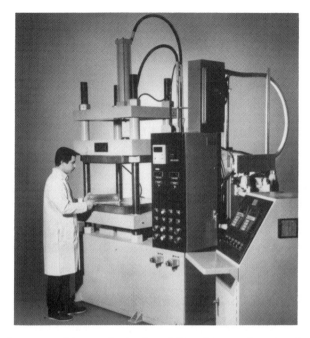

Fig. 3.4: Presse zur Thermoplastverbund-Verarbeitung (mit Genehmigung von A.J. Smiley)

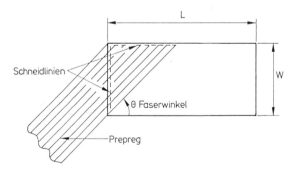

Fig. 3.5: Schneiden einer Prepreg-Lage in die gewünschte Faserorientierung. Plattenabmessung ist L x W

und zusammengestoßen (Fig. 3.6). Dann werden sie an drei verschiedenen Punkten einmal an jedem Ende und einmal in der Mitte zusammengeschweißt (Fig. 3.6). Dazu wird ein Hochtemperatur-Lötkolben mit einer flachen Fläche von ungefähr 25 mm^2 benutzt.

38 3 Laminatherstellung

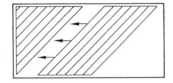

Fig. 3.6: Prepregteile werden zusammengeschweißt

3.2.2 Vorlaminierung des Stapels

Wenn die erforderliche Anzahl an Schichten hergestellt ist, wird der Stapel vorlaminiert. Der vorlaminierte Stapel besteht aus maximal 8 in der vorgesehenen Reihenfolge zusammengehefteten Lagen. Jede Laminatplatte wird aus einer oder mehreren solcher vorlaminierten Stapel hergestellt. Das Heften wird mit Hilfe des Lötkolbens an nur drei Ecken jeder Lage ausgeführt. Dies verhindert, daß Fasern während des Konsolidierungsprozesses ausknicken oder kräuseln.

3.2.3 Formenvorbereitung - Pressen in einem Rahmen

Der Edelstahlrahmen bildet einen Formenhohlraum mit einer um 0,25 - 0,38 mm geringeren Höhe als das fertig konsolidierte Laminat. Die Abmessungen sind in Fig. 3.7 dargestellt. Der 50 mm breite Rahmen umschließt den Hohlraum mit 3 mm größerer Länge und Breite als die gewählten Laminatabmessungen.

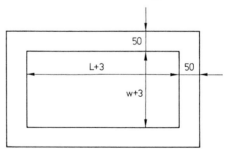

Fig. 3.7: Dimensionen des Rahmens [mm]

Die in Fig. 3.8 gezeigte Formenanordnung besteht aus zwei etwa 1,6 mm dicken Edelstahlplatten mit spiegelglatter Oberfläche, die zur Erzielung einer glatten Laminatoberfläche notwendig ist; weiterhin aus zwei hochtemperaturbeständigen Aluminiumfolien (0,1 - 0,15 mm dick), dem Rahmen und dem vorlaminierten Thermoplastverbundstapel. Die Edelstahlplatten sowie die Aluminiumfolie wird mit Anti-haftmittel vorbehandelt.

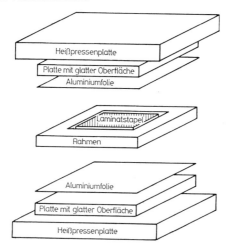

Fig. 3.8: Formenanordnung zur Thermoplastverbund-Verarbeitung mit Rahmen

3.2.4 Pressen in einer zweiteiligen Form

Das Pressen in einer zweiteiligen Form wird gewöhnlich zur Herstellung unidirektionaler Platten benutzt. Die Edelstahlform besteht aus einem Formenrahmen (negativ Form) und einem Stempel (positiv Form) (Fig. 3.9). Die Abmessungen des Hohlraums sind gleich denen der Rahmenpresse, mit einer Rahmenbreite von 25 mm. Der Stempel paßt in den Rahmen mit den Form-Standardtoleranzen. Der Aufbau besteht aus den Formen, zwei Aluminiumfolien und dem vorlaminierten Verbund. Die Formen sowie die Aluminiumfolie wird mit Antihaftmittel vorbehandelt.

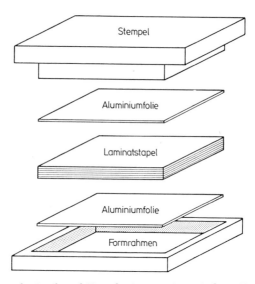

Fig. 3.9: Thermoplastverbund-Verarbeitung mit zweiteiliger Form

3.2.5 Laminieren - Konsolidierungsprozeß

Die Herstellung thermoplastischer Verbunde wird generell in Pressen mit höherer Temperaturkapazität durchgeführt (Fig. 3.4). Die Pressentische werden elektrisch beheizt und sind mit einer Temperaturkontrolle ausgestattet. Der benötigte Kontakt- und Konsolidierungsdruck wird durch einen mikrocomputer-kontrollierten Hydraulikzylinder an dem oberen Pressentisch aufgebracht [SMI 86]. Um eine hohe Abkühlrate zu erreichen, ist eine Alternative die Verarbeitung in zwei Schritten, bei der die gefüllte Form nach Konsolidierung aus der Heißpresse zur Kühlung in eine kalte Presse gelegt wird. Eine andere Alternative ist, die gefüllte Form in der Presse zu lassen und die Pressentische intern durch ein Luft-Wasser-Kühlmischsystem zu kühlen. Dabei bestimmt das Verhältnis zwischen Luft- und Wasserdruck die Abkühlrate [SMI 86].

(a) Vorheizen der Pressentische auf Schmelztemperatur.

(b) Lege die gefüllte Form zwischen die Pressentische und stelle einen Kontaktdruck von 0,5 MPa ein. Erwärme die gefüllte Form für 5 Minuten pro 8 Schichten bis zu einem Maximum von 30 Minuten.

(c) Stelle einen Konsolidierungsdruck von 1,4 MPa für 5 Minuten ein.

(d) Kühle das Laminat schnell mit einer minimalen Abkühlrate von 10°C/min, um einen guten Kristallinitätsgrad zu erreichen. Der Druck während des Kühlens sollte 2 MPa betragen.

(e) Entnehme die Form nach 5 Minuten aus der Presse.

(f) Entnehme die Laminatplatte vorsichtig aus der Form.

3.3 Mechanische Bearbeitung der Verbundlaminate

Die mechanische Bearbeitung von Verbundlaminaten ist noch immer eine in der Entwicklung stehende Technologie. Verbunde, die Aramidfasern beinhalten, benötigen spezielle Techniken wie Wasserstrahl- oder Laserschneiden. Es wurden verschiedene Techniken zur mechanischen Bearbeitung von Verbundlaminaten entwickelt. In diesem Kapitel wird eine Technik, die an der Universität Delaware zur Bearbeitung von Polymermatrix/Kohlenstoff- oder Glasfaser-Verbunden benutzt wird, beschrieben.

Die Bearbeitung von Verbundlaminaten wird typischerweise mit einer wassergekühlten Diamanttischsäge ausgeführt (Fig. 3.10). Das Laminat wird mit doppelseitigem Klebeband gegen eine Plexiglasplatte geklebt (Fig. 3.11). Die Plexiglasplatte dient als Träger für die Verbundplatte und ermöglicht den Schnitt durch das Laminat ohne das Diamantsägeblatt zu beschädigen. Um die Plexiglasplatte auf dem (magnetischen) Sägetisch zu befestigen, wird eine Stahlplatte mit doppelseitigem Klebeband auf die Plexiglasplatte angebracht (Fig. 3.11). Das Ganze wird dann auf den magnetischen Sägetisch gelegt.

Die Ausrichtung des Verbundlaminats ist für anisotrope Werkstoffe ein wichtiger Punkt. Ein Weg, um gute Ausrichtung zu erhalten, ist das Durchbohren der Platte entlang einer Linie parallel zur gewählten Schnittrichtung (Fig. 3.11). Das Laminat kann dann durch

Fig. 3.10: Diamanttischsäge

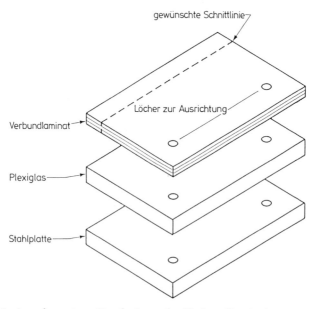

Fig. 3.11: Anordnung zur Bearbeitung der Verbundlaminate

Stifte, die in die Bohrungen passen und parallel zum Sägeblatt angeordnet sind, zum Sägeblatt ausgerichtet werden.

3.3 Mechanische Bearbeitung der Verbundlaminate

Wenn für die besondere Probengeometrie Aufleimer benötigt werden, sollten diese vor der Bearbeitung nach dem im Kapitel 5 geschilderten Verfahren aufgeklebt werden. Wenn, wie im Fall von Duromerverbunden das Laminat keine glatten Ränder hat, sollten diese vor dem Aufbringen der Aufleimer um 20 mm beschnitten werden.

4 Bestimmung des Faservolumengehalts

Die Steifigkeits- und Festigkeitsparameter von Faserverbunden sind durch die innere Packungsgeometrie der Fasern und dem grundlegenden Verhalten von Fasern und Matrix bestimmt [HAS 83, CHR 79]. Die Fasern sind generell zylindrisch und die Geometrie ist durch einen querverlaufenden Schnitt definiert und darum zweidimensional. Die meist gebräuchlichen Fasern sind aus Glas, Kohlenstoff (Graphit) und Aramid, die Matrizes aus duromeren Epoxidharzen oder neuerlich entwickelten Thermoplasten. Der Faserdurchmesser ist in der Größenordnung von 10 µm und in transversaler Ebene durch einen, durch die Volumenanteile der Faser und Matrix bestimmten, mittleren Faser-zu-Faserabstand rundherum getrennt. Die Volumenanteile der Bestandteile eines Verbundes können durch chemische Auflösung der Matrix oder durch mikrofotografische Techniken bestimmt werden. Bei der ersten Methode wird die Matrix gelöst und die Fasern gewogen. Die Volumengehalte werden aus den Gewichten und Dichten der Bestandteile errechnet. Bei der zweiten Methode wird die Anzahl der Fasern in einer bestimmten Fläche eines polierten Querschnitts eines Verbunds gezählt und die Volumengehalte als Flächenanteil jedes Bestandteils bestimmt.

Statistisch gesehen werden bei der mikrofotografischen Technik viele Proben benötigt, um zuverlässige Ergebnisse zu erhalten, da die gesichtete Fläche nur etwa ein hundertstel Quadratmillimeter beträgt. Auf der anderen Seite besteht die Möglichkeit, gleichzeitig die Faserverteilung zu bestimmen und Poren zu erkennen. Bei der Säurelösungs-Technik wird eine viel größere Probe eingesetzt, aber der Porengehalt vernachlässigt und keine Information über die Faserverteilung im Verbund erhalten. Weiterhin wird eine Säure benötigt, die die Matrix löst aber nicht die Fasern angreift. Es wurde Ermittelt, daß heiße Salpetersäure gut für Kohlenstoffaserverbunde geeignet ist.

4.1 Verfahren zum chemischen Lösen der Matrix

Benötigte Geräte für dieses Verfahren sind:

4.1 Verfahren zum chemischen Lösen der Matrix

(a) Büchnertrichter mit Filter

(b) 400 ml Becherglas

(c) Salpetersäure

(d) Glasrührstab

(e) Bunsenbrenner

(f) Abzug mit Vakuumsystem

(g) große Flasche, die an das Vakuumsystem anschließbar ist

(h) Exsikkator

(i) Präzisionswaage

(j) Gummihandschuhe und Schutzbrille

Verfahren:

(a) Entnehme eine 50 mm x 50 mm große quadratische Verbundprobe und wiege sie. Wiege ebenso den trockenen Büchnertrichter mit Filter.

(b) Lege Gummihandschuhe und Schutzbrille an und stelle die Abzugsentlüftung an. Lege die Probe in ein 400 ml Becherglas und gieße 200 ml Salpetersäure dazu. (Benutze den Glasrührstab für das Eingießen der Säure.) Erhitze unter Rühren das Becherglas mit dem Bunsenbrenner bis die Säure raucht ohne, daß sie kocht. Erhitze solange, bis die Matrix gelöst ist und nur noch die Fasern wie Haare zurückbleiben.

(c) Gebe den Trichter auf die, an das Vakuumsystem angeschlossene, große Flasche und gebe die Säure und die Fasern in den Trichter. Schalte die Vakuumpumpe ein (Fig. 4.1). Wasche die Fasern dreimal mit 20 ml Salpetersäure und anschließend mit Wasser.

(d) Nehme den Trichter mit den Fasern und trockne sie in einem Ofen bei 100°C für 90 Minuten. Um das Trocknen zu beschleunigen, breche die Faserflocken mit einem Glasstab. Nehme den Trichter mit den Fasern und lasse sie in einem Exsikkator abkühlen. Wiege den Trichter mit den Fasern.

4 Bestimmung des Faservolumengehalts

Fig. 4.1: Säurelösungsverfahren

Berechnung des Faservolumengehalts:

Von dem Gewicht der Fasern und der Matrix (W_f und W_m) sowie den bekannten Dichten (ρ_f und ρ_m) wird der Faservolumengehalt (V_f) wie folgt bestimmt:

$$V_f = \frac{\rho_m W_f}{\rho_f W_m + \rho_m W_f} \tag{4.1}$$

Als Beispiel werden die folgenden Daten für einen Kohlenstoffaser/Epoxidharz-Verbund vorgegeben:

W_f = 3,0671 g

W_m = 1,2071 g (Gewicht des Verbundes minus W_f)

Unter Verwendung der folgenden Dichten, ρ_f = 1,65 g/cm^3 und ρ_m = 1,265 g/cm^3, ergibt Gl. (4.1) V_f = 0,66. Tabelle 4.1 zeigt Dichten für einige gebräuchliche Fasern und Matrixsysteme.

4.1 Verfahren zum chemischen Lösen der Matrix

Tabelle 4.1: Dichte in g/cm³ für verschiedene Fasern und Matrizes

Faserart:	Kohlenstoff AS4 [HER]	Kohlenstoff IM6 [HER]	E-Glas [TSA 85]	Kevlar 49 [TSA 85]
Dichte:	1,80	1,73	2,60	1,44
Matrixart:	Epoxidharz N5208 [TSA 85]	Epoxidharz 3501-6 [HER]	K-Polymer [GIB 84]	PEEK [VEL 86]
Dichte:	1,20	1,265	1,37	1,30*

* Basierend auf 30% Kristallinität

4.2 Mikrofotografisches Verfahren

Benötigte Geräte für dieses Verfahren sind:

(a) Poliermaschine

(b) Probe in Einbettmaterial als Probenhalter

(c) Metallografisches optisches Mikroskop (400x) mit Kamera

Verfahren:

(a) Säge die Probe, um die gewählte Schnittfläche sichtbar zu machen.

(b) Setze die Probe in eine Form ein und gieße Einbettmittel (Epoxidharz) in die Form [BUE]. Nach dem Aushärten des Einbettmittels ist die Probe für das Polieren fertig. Fig. 4.2 zeigt die eingebettete Probe während des Polierens.

(c) Poliere die Probe mit vier, immer feineren Sandpapieren (180, 240, 320 und 400) (Fig. 4.2). Dann fahre mit 5 µ, 1 µ und wenn notwendig 0,3 µ Polierpartikeln fort. Wähle am Anfang des Polierens irgendeine Richtung, ohne diese während dieses Schrittes zu ändern. Wenn zu feinerem Papier gewechselt wird, ändere die Polierrichtung um 90°, um Kratzer vom vorherigen Schritt zu entfernen. Spüle die Probe nach jedem Schritt, um den Abtrag zu entfernen.

48   4 Bestimmung des Faservolumengehalts

(d) Wenn die Probe poliert ist, ist sie zur Untersuchung im optischen Mikroskop fertig. Fotografiere das Schliffbild wie das in Fig. 4.3 gezeigte.

Fig. 4.2:   Polieren der eingebetteten Probe

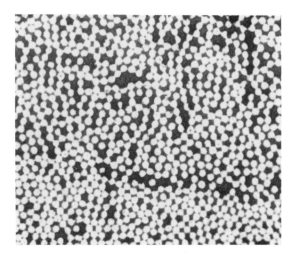

Fig. 4.3:   Mikrofoto des polierten Querschnitts

4.2 Mikrofotografisches Verfahren

Berechnung des Faservolumengehalts:

Der Faservolumengehalt kann durch die Mikrofotografie, wie in Fig. 4.4 illustriert, auf zwei Wege bestimmt werden. Der erste Weg ist die Bestimmung der Gesamtfläche der Fasern in einem vorbestimmten Bereich des Mikrofotos. Dieses kann direkt durch einen quantitaven Bildanalysator oder durch Auszählen der Faseranzahl in dem Bereich und der Berechnung der Fasergesamtfläche durch ihren mittleren Durchmesser geschehen. Der Faservolumengehalt ist durch:

$$V_f = A_f / A \qquad (4.2)$$

bestimmt, wobei A_f und A jeweils die Fasergesamtfläche und die Fläche des ausgewählten Bereichs des Mikrofotos ist.

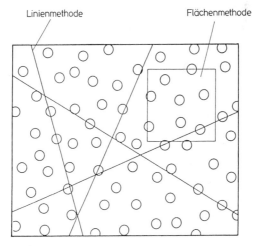

Fig. 4.4: Illustration der Flächen- und Linienmethode

Ein alternativer Weg zur Bestimmung des Faservolumengehalts durch das Mikrofoto ist die Linienmethode. Bei dieser Methode werden einige Linien in das Mikrofoto gezeichnet. Der Faservolumengehalt wird aus dem Verhältnis der aufaddierten Länge der Linienanteile durch die Faserquerschnitte und der Gesamtlänge der Linie erhalten. Für ein repräsentatives Ergebnis sollte ein Mittelwert von Messungen entlang mehrerer Linien bestimmt werden.

4 Bestimmung des Faservolumengehalts

Für einen Querschnitt, eines im vorigen Abschnitt diskutierten Kohlenstoffaser/Epoxidharz-Verbunds, wurden die in Tabelle 4.2 dargestellten Ergebnisse erhalten. Diese Werte ergeben einen mittleren Faservolumengehalt von $V_f = 0{,}62$. Im Vergleich zu $V_f = 0{,}65$, bestimmt durch die Säurelösungsmethode, ergeben sich Unterschiede, die auf den kleineren im Mikrofoto beobachteten Bereich und Ungenauigkeiten in der Bestimmung der Faserquerschnittslänge zurückzuführen sind.

Tabelle 4.2: Bestimmung des Faservolumengehalts durch die Linienmethode

Linie	L_f* [mm]	V_f
1	44,5	0,58
2	40,8	0,54
3	54,9	0,72
4	45,3	0,60
5	48,3	0,63
6	48,1	0,63

* L_f ist Linienanteil durch Faserquerschnitte; Liniengesamtlänge ist 76,2 mm

5 Zug- und Scherverhalten der Laminatschichten

Eine grundlegende Materialcharakterisierung von kontinuierlich faserverstärkten Verbunden zielt auf die Festlegung der inneren elastischen Eigenschaften sowie Festigkeitseigenschaften und thermischer Ausdehnungscharakteristik der, ein multidirektionales Laminat bildenden Teile, den Schichten. In diesem Kapitel sowie Kapitel 6 bis 9 werden Verfahren zur Bestimmung der inneren mechanischen Eigenschaften und thermischen Ausdehnungseigenschaften, als auch die entsprechenden Auswerteverfahren beschrieben.

Die Bestimmung der Zug- und Schergrößen werden in diesem Kapitel behandelt. Das Spannungs-Dehnungs-Verhalten von Zugproben wird mit elektrischen Widerstands-Dehnungsmeßstreifen aufgezeichnet, um die inneren mechanischen Größen der Schichten festzulegen (Kap. 2). Die zu messenden Materialgrößen beinhalten:

Young'scher Elastizitätsmodul in Faserrichtung, E_1

Young'scher Elastizitätsmodul senkrecht zur Faserrichtung, E_2

Poissonzahlen, ν_{12}, ν_{21}

Schermodul, G_{12}

Maximale Zugspannung und -dehnung in Faserrichtung, X_1^T, ε_1^T

Maximale Zugspannung und -dehnung senkrecht zur Faserr., X_2^T, ε_2^T

Maximale ebene Scherspannung und -dehnung, S_6, γ_{12}^{max}

Drei Zugprobengeometrien werden, wie in Tabelle 5.1 dargestellt für Zugversuche verwendet. Geometrie und Toleranzen der Proben sowie der Aufleimer sind in Fig. 5.1 dargestellt. Die Aufleimer sind aus 3,2 mm dickem Glasfaser/Epoxidharz-Material [PRO] und sollten vor dem Aussägen der Proben auf die Laminatplatten geklebt werden. Relevante Standards zur Bestimmung des Zug- und Scherverhaltens sind jeweils ASTM D3039-76 und ASTM D3518-76.

5 Zug- und Scherverhalten der Laminatschichten

Tab. 5.1: Zugproben-Laminataufbau und -Dimensionen

Faserorientierung	Breite [mm]	Lagenanzahl	Länge [mm]
0°	12,7	6 - 8	229
90°	25,4	8 - 16	229
$[\pm 45]_{2S}$	25,4	8	229

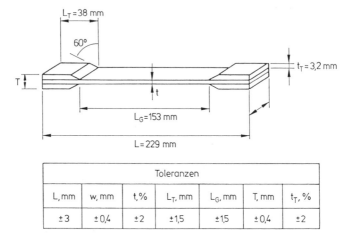

Fig. 5.1: Geometrie und Toleranzen der Zugproben

Fig. 5.2: Zugprobe mit Dehnungsmeßstreifen

5.1 Aufkleben der Aufleimer und Probenvorbereitung

(a) Rauhe die Oberflächen der Laminatplatte, wo die Aufleimer aufgeklebt werden sollen, auf. Benutze Sandpapier mittlerer Körnung (180) und schmirgel die Klebefläche in ±45°-Richtung.

(b) Benutze eine Drahtbürste, um lose Teilchen von den Oberflächen zu entfernen.

5.1 Aufkleben der Aufleimer und Probenvorbereitung

Fig. 5.3: Zugprobe montiert in der Prüfmaschine

(c) Säubere die Klebefläche mit Azeton bis alle losen Kohlenstofffasern entfernt sind. Berühre nicht die gesäuberten Flächen.

(d) Schmirgel und säubere die Klebeflächen der Aufleimer nach demselben Verfahren wie für das Laminat.

(e) Vermische die Komponenten des Klebers.

(f) Trage den Kleber auf beide Klebeflächen auf, fixiere die Aufleimer und lasse die Klebung unter Druck aushärten.

(g) Die Proben werden mit einer Diamantsäge ausgesägt (Kap. 3.3). Die Probenränder sollten nicht beschädigt und innerhalb der in Fig. 5.1 gegebenen Toleranzen parallel sein. Die Aufleimeroberflächen sollten zu einer Vergleichfläche innerhalb von 0,05 mm parallel sein.

54 5 Zug- und Scherverhalten der Laminatschichten

(h) Messe die Querschnittsdimensionen der Probekörper (Mittel aus 6 Messungen).

Bei thermoplastischen Verbunden sollten Schritt a-c besonders beachtet werden, um eine entsprechende Klebung zu erhalten. Fig. 5.2 zeigt eine typische mit Aufleimer versehene Kohlenstoffaser/ Epoxidharz-Zugprobe.

5.2 Aufkleben der Dehnungsmeßstreifen

Um die Probendehnung zu bestimmen, haben sich elektrische Widerstands-Dehnungsmeßstreifen als nützlich erwiesen. Es sollten Foliendehnungsmeßstreifen mit einem Widerstand von 350 Ω und einer Meßlänge von 3 bis 6 mm verwendet werden. Typischerweise werden zwei Meßstreifen, je eins in longitudinaler und transversaler Richtung, auf die Probenkörper geklebt (Fig. 5.2). Die Meßstreifen sollten auf der Probe zentriert sein. Notiere den Meßstreifenfaktor.

5.3 Zugversuch

Die Proben sollten in einer gut ausgerichteten und kalibrierten Prüfmaschine eingespannt und getestet werden (Fig. 5.3). Es sollten selbstklemmende oder hydraulische Spannbacken verwendet werden. Stelle die Traversengeschwindigkeit auf ungefähr 0,5 - 1 mm/min ein. Benutze eine Schutzbrille an der Prüfmaschine, besonders bei der 0°-Zugprüfung. Die Dehnungsmeßwerte können kontinuierlich oder in diskreten Lastintervallen aufgezeichnet werden. Wenn diskrete Daten genommen werden, muß eine ausreichende Anzahl an Meßpunkten aufgezeichnet werden, um das Spannungs-Dehnungs-Verhalten zu reproduzieren. Ungefähr 25 Meßpunkte werden in dem linearen Kurvenabschnitt benötigt. Für die gesamte Spannungs-Dehnungs-Kurve sind insgesamt 40 bis 50 Punkte wünschenswert. Die Beobachtung aller Proben sollte bis zum Versagen erfolgen. Zur Auswertung werden die Daten gezeichnet. Extrapoliere die Kurve zur Bestimmung der Bruchdehnung. Der Modul und die Poissonzahl werden durch einen Geradenfit an die Anfangssteigungen festgelegt.

5.3 Zugversuch

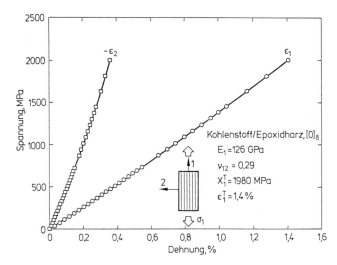

Fig. 5.4: Zugspannungs-Dehnungs-Diagramm für eine $[0]_8$-Kohlenstoffaser/ Epoxidharz-Probe

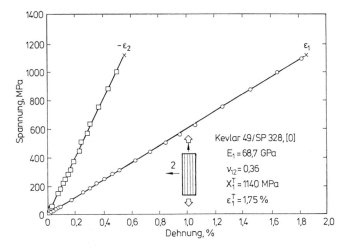

Fig. 5.5: Zugspannungs-Dehnungs-Diagramm für ein $[0]_6$-Kevlarfaser/Epoxidharz-Probe

56   5 Zug- und Scherverhalten der Laminatschichten

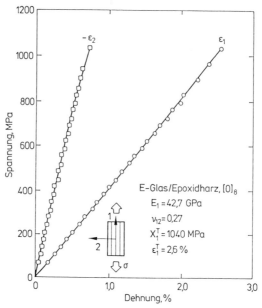

Fig. 5.6: Zugspannungs-Dehnungs-Diagramm für eine $[0]_8$-E-Glasfaser/ Epoxidharz-Probe

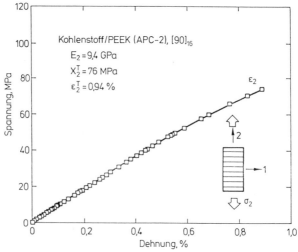

Fig. 5.7: Zugspannungs-Dehnungs-Diagramm für eine $[90]_{16}$-Kohlenstofffaser/PEEK-Probe

5.3 Zugversuch 57

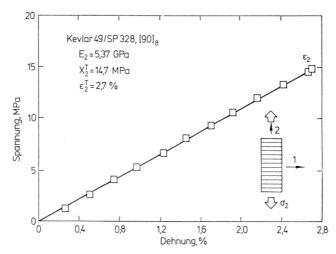

Fig. 5.8: Zugspannungs-Dehnungs-Diagramm für eine $[90]_8$-Kevlarfaser/Epoxidharz-Probe [MAA 83]

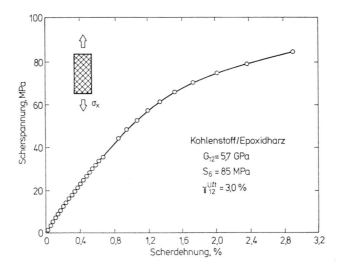

Fig. 5.9: Scherspannungs-Dehnungs-Kurve aus einem Zugversuch einer $[\pm 45]_{2S}$-Kohlenstoffaser/Epoxidharz-Probe

58   5 Zug- und Scherverhalten der Laminatschichten

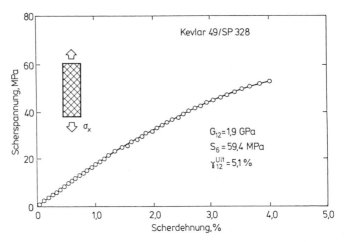

Fig. 5.10: Scherspannungs-Dehnungs-Kurve aus einem Zugversuch einer [±45]$_{2S}$-Kevlarfaser/Epoxidharz-Probe [MAA 83]

5.4   Auswertung

Zur Bestimmung der Materialeigenschaften werden die Definitionen nocheinmal angegeben:

E_1:   Die Anfangssteigung der Spannungs-Dehnungs-Kurve (σ_1/ε_1) im 0°-Zugversuch.

v_{12}:   Das negative Verhältnis der transversalen zur longitudinalen Dehnung ($-\varepsilon_2/\varepsilon_1$) im 0°-Zugversuch.

E_2:   Die Anfangssteigung der Spannungs-Dehnungs-Kurve (σ_2/ε_2) im 90°-Zugversuch.

v_{21}:   Das negative Verhältnis der longitudinalen zur transversalen Dehnung ($-\varepsilon_1/\varepsilon_2$) im 90°-Zugversuch.

G_{12}:   Die Anfangssteigung der Scherspannungs-Dehnungs-Kurve (τ_{12}/γ_{12}).

5.4 Auswertung

Zur Bestimmung der inneren Schereigenschaften ist die Untersuchung einer $[\pm 45]_{2S}$-Laminat-Zugprobe erforderlich. Mit Hilfe der Laminattheorie [WHI 84] kann gezeigt werden, daß der Zustand der Scherspannung und -dehnung im Laminat-koordinatensystem durch die axiale Laminatspannung (σ_x) und der axialen und transversalen Dehnung ($\varepsilon_x, \varepsilon_y$) wie folgt bestimmt werden kann:

$$\tau_{12} = \sigma_x/2 \tag{5.1}$$

$$\gamma_{12} = |\varepsilon_x| + |\varepsilon_y| \tag{5.2}$$

wobei x und y die longitudinale und transversale Richtung des Laminats angeben. Der Laminat-Schermodul ist dann durch Aufzeichnen von $\sigma_x/2$ gegen $|\varepsilon_x| + |\varepsilon_y|$ und der Ermittlung der Steigung der Kurve bestimmt. Die maximale Scherspannung (S_6) ist als maximaler Wert von $\sigma_x/2$ definiert. Die maximale Scherdehnung (γ_{12}^{max}) ist der entsprechende Dehnungswert ($|\varepsilon_x| + |\varepsilon_y|$).

Beachte, daß als Alternative der Laminat-Schermodul direkt durch die Beziehung:

$$G_{12} = \frac{E_x}{2(1+v_{xy})} \tag{5.3}$$

bestimmt werden kann, wobei E_x der Modul in Longitudinalrichtung und v_{xy} die Poissonzahl des $[\pm 45°]_{2S}$-Laminats ist. Diese Beziehung kann durch die Laminattheorie [WHI 84] erhalten werden. Fig. 5.4 bis 5.10 zeigen typische Spannungs-Dehnungs-Diagramme für die Laminate.

6 Druckverhalten der Laminatschichten

Wenn faserverstärkte Verbunde in Faserrichtung Druckbelastet werden, ist die dominante Versagensform lokales Ausbeulen oder Knicken der Fasern in einem kleinen Bereich der Prüflänge. Fig. 6.1 illustriert schematisch wie Faserinstabilität in der Probe zu der Formation von Knickzonen und eventuellem Faserbruch führen [ROS 65, EVA 78, WHI 86]. Druckbelastung in transversaler Richtung ergibt ein Scherversagen (Fig. 6.2). Um die innere Druckspannung eines Verbundes zu bestimmen, sind folgende Kriterien zu berücksichtigen:

- Festigkeitsverringerung durch Spannungskonzentrationen sollten vermieden werden.

- Versagen durch globale Instabilität der Probe sollte vermieden werden.

- Instabilitäten der Fasern im Verbund, welche als Merkmal des Druckverhaltens des Materials angesehen werden müssen, sollten nicht behindert werden.

Die gleichzeitige Erfüllung dieser Kriterien macht die Bestimmung der wahren Druckfestigkeit schwierig. Kleine Ungleichheiten in den Probendimensionen oder Fluchtungsfehler verursachen eine exzentrische Belastung, die die Möglichkeit für Versagen durch geometrische Instabilität bei großen Meßlängen ergibt. Kleine Meßlängen können zu Fehlern als Ergebnis des Einspannungseinflusses führen (Kap. 2.3). Fig. 6.3 zeigt die auftretende maximale Druckspannung als Funktion des Längen-zu-Dicken-Verhältnisses für eine nicht gestützte, an beiden Enden eingespannte, unidirektionale Kohlenstoffaser/Epoxidharz-Probe [WAL 86]. Bei großen Meßlängen ist die maximale Spannung klein, da schlanke Proben bei sehr geringer Druckspannung zur Seite ausbeulen ("Euler-buckling"). Mit kleiner werdendem Längen-zu-Dicken-Verhältnis nähert sich die maximale Spannung der Druckfestigkeit des Verbundwerkstoffs. Bei noch kleineren Längen-zu-Dicken-Verhältnissen wird ein Absinken der Festigkeit, wahrscheinlich wegen der Einspannungseffekte, beobachtet. Dieses Verhalten unterscheidet sich von Werkstoffen, die

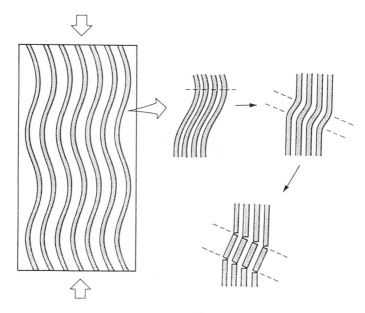

Fig. 6.1: Mechanismus der Knickzonenformation in einem in Faserrichtung belasteten Verbund (nach [WHI 86])

eine ausgeprägte Fließgrenze in Druckbelastung zeigen. Zum Beispiel wird bei Stahl, bei kleinen Längen-zu-Dicken-Verhältnissen ein Plateaubereich beobachtet [TIM 84]. Um mögliche Effekte durch Exzentritäten oder Ausbeulen festzustellen, ist es zur longitudinalen Dehnungsmessung gebräuch-lich, zwei Dehnungsmeßstreifen Rücken-an-Rücken aufzukleben. Fig. 6.4 zeigt das Druckspannungs-Dehnungs-Diagramm für eine exzentrisch belastete Probe. Exzentrische Belastung führt zu einem kombinierten axialen Druck- und Biegeversagen, welches für die wahre Druckfestigkeit des Materials nicht repräsentativ ist. Fig. 6.5 zeigt das Spannungs-Dehnungs-Diagramm für eine gleichmäßig belastete, gut ausgerichtete Probe. Gebräuchlicherweise wird nur das Mittel der Kurven angegeben.

Eine große Anzahl relativ komplexer Belastungseinrichtungen und Probenkonfigurationen wurden entwickelt, um die Druckfestigkeit der Verbunde zu messen [WHI 84]. Unberücksichtigt der Methode ist es essenziell, daß die Prüfeinspannung und die Probe gut ausgerichtet

6 Druckverhalten der Laminatschichten

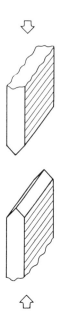

Fig. 6.2: Druckversagen unter Scherung in einem transversal zur Faserrichtung belasteten Verbund

sind. Eine der mehr gebräuchlichen Prüfmethoden, der IITRI-Drucktest wurde im Illinois Institute of Technology Research Institute entwickelt [HOF 72]. Bei diesem Test wird eine relativ kurze, ungestützte Probe benutzt (Fig. 6.6). Bei dieser Testvorrichtung werden Linearlager und gehärtete Stahlstifte verwendet, um einen parallelen Belastungsweg zu sichern. Abweichungen in der Probendicke oder der Dicke der mit Aufleimern versehen Probenenden sollten nicht größer als ±1% sein. Die Aufleimeroberflächen sollten innerhalb von 0,05 mm parallel sein. Fig. 6.7 zeigt die in die Prüfmaschine montierte IITRI-Vorrichtung.

Die Aufleimer sollten nach Kap. 5.1 auf die Platten geklebt werden. Besonders sollte auf die vorgeschriebene Parallelität der Aufleimer geachtet werden. Um die inneren mechanischen Eigenschaften der Laminatschichten festzustellen, wird das Druckspannungs-Dehnungs-Diagramm des unidirektonalen Verbunds durch elektrische Widerstands-Dehnungsmeßstreifen aufgezeichnet.

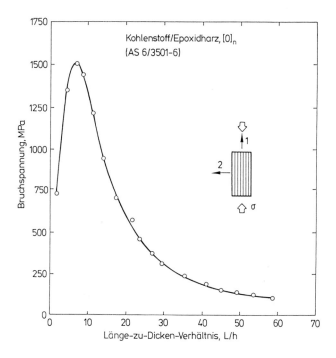

Fig. 6.3: Maximale Druckspannung als Funktion des Längen-zu-Dicken-Verhältnisses für eine Kohlenstoffaser/Epoxidharz-Probe [WAL 86]

64   6 Druckverhalten der Laminatschichten

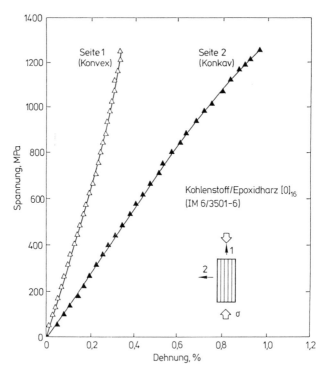

Fig. 6.4: Druckspannungs-Dehnungs-Diagramm für eine exzentrisch belastete [0]$_{16}$-Kohlenstoffaser/Epoxidharz-Probe

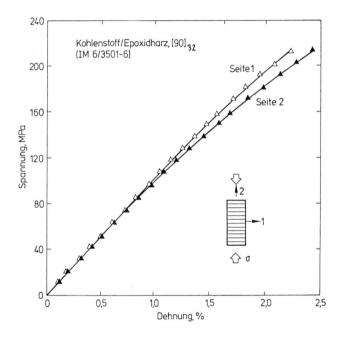

Fig. 6..5 Druckspannungs-Dehnungs-Diagramm für eine gleichmäßig belastete [90]$_{32}$-Kohlenstoffaser/Epoxidharz-Probe

66 6 Druckverhalten der Laminatschichten

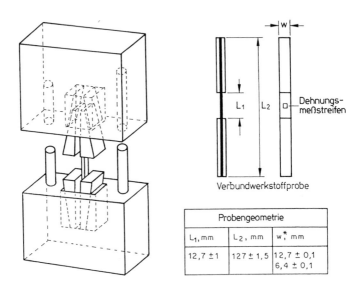

Fig. 6.6: Modifizierte IITRI-Vorrichtung und Probenabmessungen (siehe auch Tab. 6.1)

Fig. 6.7: IITRI-Vorrichtung in der Prüfmaschine montiert

68   6 Druckverhalten der Laminatschichten

Die zu messenden Materialdruckeigenschaften beinhalten:

Young'scher Modul in Faserrichtung, E_1^C

Young'scher Modul senkrecht zur Faserrichtung, E_2^C

Maximale Druckspannung und -dehnung in Faserrichtung, X_1^C, ε_1^C

Maximale Druckspannung und -dehnung senkr. zur Faserr., X_2^C, ε_2^C

Die Proben werden mit einer Diamantsäge auf die in Tab. 6.1 angegebenen Abmessungen zugesägt. Messe die Querschnittsdimensionen der Proben (Mittel aus 3 Messungen) und überprüfe die Parallelität der Ränder sowie der Aufleimeroberflächen. Befestige zwei Dehnungsmeßstreifen in longitudinaler Richtung auf die Probe. Die Meßstreifen sollten in der Mitte auf gegenüberliegenden Seiten der Probe aufgeklebt werden (Kap. 5.2). Notiere den Meßstreifen-faktor.

Tab. 6.1: Dimensionen der Druckprobe

Faserorientierung	Breite [mm]	Lagenanzahl*	Länge [mm]
0°	6,4	16 - 20	127
90°	12,7	30 - 40	127

* Basierend auf 0,127 mm Lagendicke

6.1   Druckversuch

Die Probe wird in die IITRI-Vorrichtung montiert (Fig. 6.6), die in die gut ausgerichtete und kalibrierte Prüfmaschine eingesetzt wird (Fig. 6.7). Stelle eine Traversengeschwindigkeit zwischen 0,5 - 1 mm/min ein. Die Dehnungswerte können kontinuierlich oder in diskreten Kraftintervallen aufgezeichnet werden. Wenn diskrete Daten genommen werden, wähle kleine Kraftintervalle, um mindestens 25 Meßpunkte in dem linearen Kurvenbereich zu erhalten. Eine Gesamtanzahl von 40 bis 50 Meßpunkten ist ausreichend, um das gesamte Spannungs-Dehnungs-Diagramm festzulegen. Beobachte alle Proben bis zum Versagen. Zeichne die Daten zur Auswertung auf. Prüfe die Dehnungswerte, um mögliches globales Ausbiegen der Probe festzustellen. Extrapoliere die Kurve, um die maximale Dehnung festzustellen. Lege den Modul durch einen Geradenfit der Anfangssteigung fest.

6.2 Auswertung

Zur Bestimmung der Materialeigenschaften werden die Definitionen wiederholt:

E_1^C: Die Anfangssteigung der Spannungs-Dehnungs-Kurve (σ_1/ε_1) im 0°-Druckversuch.

E_2^C: Die Anfangssteigung der Spannungs-Dehnungs-Kurve (σ_2/ε_2) im 90°-Druckversuch.

Fig. 6.8 bis 6.11 zeigen typische Drucktestdiagramme.

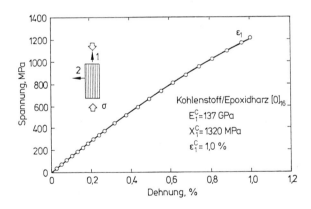

Fig. 6.8: Druckspannungs-Dehnungs-Verhalten für eine $[0]_{16}$-Kohlenstofffaser/Epoxidharz-Probe

70 6 Druckverhalten der Laminatschichten

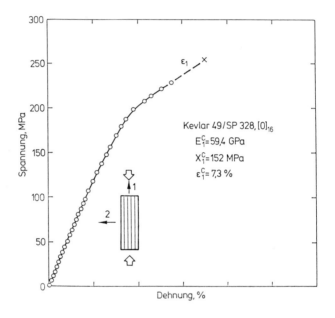

Fig. 6.9: Druckspannungs-Dehnungs-Verhalten für eine $[0]_{16}$-Kevlarfaser/Epoxidharz-Probe [MAA 83]

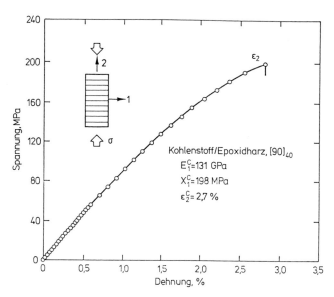

Fig. 6.10: Druckspannungs-Dehnungs-Verhalten für eine $[90]_{40}$-Kohlenstoffaser/Epoxidharz-Probe

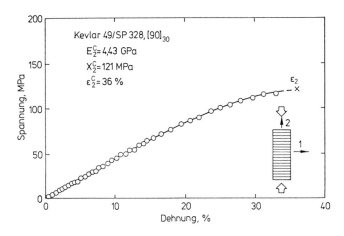

Fig. 6.11: Druckspannungs-Dehnungs-Verhalten für eine $[90]_{30}$-Kevlarfaser/Epoxidharz-Probe [MAA 83]

7 Biegeverhalten der Laminatschichten

Das vorrangige Ziel des in Fig. 7.1 gezeigten Dreipunkt-Biegeversuchs ist die Bestimmung des Spannungs-Dehnungs-Verhaltens der Laminatschichten bei Biegung. Beim Dreipunkt-Biegeversuch wird die in der Mitte eingeleitete Kraft über der Dehnung aufgezeichnet. Die Dehnung wird durch einen auf der Zugseite der Probe (untere Seite) longitudinal aufgeklebten Meßstreifen gemessen. Gewöhnlich wird ein unidirektionales Laminat mit der Faserrichtung parallel zur Probenachse biegebelastet, um

- den Biegemodul in Faserrichtung, E_1^f,

- die maximale Biegespannung und -dehnung, X_1^f, ε_1^f

zu bestimmen.

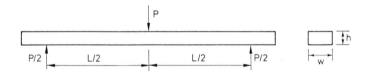

Fig. 7.1: Dreipunkt-Biegeversuch

Der Test ist nicht zur Bestimmung von Konstruktionsdaten empfohlen, da Biegebelastung beides, Zug- und Druckspannungen im Material verursacht. Daher ist der Biegemodul und die Biegefestigkeit eine Kombination von Zug- und Druckeigenschaften des Materials. Der Dreipunkt-Biegeversuch stellt jedoch eine von den in Kap. 5 und 6 unabhängige Überprüfung der Zug- und Druck-Laminateigenschaften dar. Es sollte herausgestellt werden, daß der Vierpunkt-Biegeversuch [WHI 84] manchmal der Dreipunkt-Biegemethode vorgezogen wird, da der Mittelbereich unter alleiniger Biegespannung steht.

Die Abmessungen der Probekörper und der Belastungsvorrichtung sind in Tab. 7.1 gegeben. Relevanter Standard zur Biegeversuchsmethode ist ASTM D790-01. Einige nützliche Informationen über Biegeversuchsmethoden sind in [WHI 84] angegeben. Für Verbunde mit hohem Modul wird ein Spannweiten-zu-Dicken-Verhältnis von mindestens 32 empfohlen, um den Einfluß interlaminarer Scherdeformation zu minimieren und ein Biegeversagen statt interlaminaren Scherversagen zu erhalten.

7.1 Probenvorbereitung und Biegeversuch

Säge die Proben mit einer Diamantsäge aus. Die Probenränder sollten unbeschädigt und innerhalb der in Tab. 7.1 angegebenen Toleranzen parallel sein. Messe die Querschnittsdimensionen der Proben (Mittel aus 6 Messsungen) und überprüfe die Parallelität der Ränder. Klebe einen longitudinalen Dehnungsmeßstreifen (Kap. 5.2) in die geometrische Mitte auf beide Seiten der Probe. Notiere den Meßstreifenfaktor.

Tab. 7.1: Dimensionen der Biegeprobe und der Belastungsvorrichtung

w	Lagenanzahl*	Probenlänge	Spannweite (L)	D**
12,7 ± 0,2	12 - 16	75 ± 1	63,5 ± 0,1	6,35 ± 0,35

* Basierend auf einer Lagendicke von 0,127 mm
**D = Durchmesser der mittleren und äußeren Belastungsrollen
Alle Abmessungen in [mm]

Die Dreipunkt-Biegevorrichtung wird in eine gut ausgerichtete und kalibrierte Prüfmaschine montiert. Die Traversengeschwindigkeit sollte zwischen 1 und 5 mm/min eingestellt werden. Lege die Probe mit dem Dehnungsmeßstreifen auf der Zugseite, zentriert unter den mittleren Belastungspunkt in die Vorrichtung. Die Dehnungswerte können kontinuierlich oder in diskreten Kraftintervallen aufgezeichnet werden. Wenn diskrete Daten aufgezeichnet werden, wähle kleine Kraftintervalle, um mindestens 25 Meßpunkte im linearen Kurvenbereich zu erhalten. Eine Gesamtanzahl von 40 bis 50 Meßpunkte reicht zur Festlegung der gesamten Spannungs-Dehnungs-Kurve aus. Beobachte alle Proben bis zum Versagen.

7.2 Auswertung

Zur Bestimmung der Biegeeigenschaften wird die Definition wiederholt:

E_1^f: Die Anfangssteigung der Biegespannungs-Dehnungs-Kurve im 0°-Versuch.

Eine gute Näherung für die meisten Materialien ist, daß der Zugmodul gleich dem Druckmodul ist ($E_1 = E_1^C$). In diesem Fall ergibt sich aus der Balkentheorie [TIM 84] eine Oberflächenzugspannung (σ_{max}) als Funktion des angewendeten Biegemoments (M):

$$\sigma_{max} = Mh/2I \qquad (7.1)$$

wobei h die Dicke des Probestabes und I das Trägheitsmoment der Querschnittfläche ist.

In der Mitte dee Probestabes, wo der Dehnungsmeßstreifen angebracht ist, ist das Moment:

$$M = PL/4 \qquad (7.2)$$

und:

$$I = wh^3/12 \qquad (7.3)$$

wobei w die Probenbreite ist.

Einsetzen in Gl. (7.1) ergibt:

$$\sigma_{max} = 3PL/(2wh^2) \qquad (7.4)$$

Diese Gleichung ermöglicht die Bestimmung der Spannung als Funktion der Dehnung aus dem Kraft-Dehnungs-Diagramm.

Zeichne die Daten zur Auswertung als Kurve. Lege eine Anfangssteigung durch Geradenfit fest. Extrapoliere die Kurve, um den maximalen Dehnungswert zu erhalten. Fig. 7.2 und 7.3 zeigen typische Biegediagramme.

Im Fall, in dem Zug- und Druckmodule sich unterscheiden, werden reguläre Biegemodul- und Biegefestigkeitswerte nach dem oben angegebenen Auswerteverfahren erhalten. Um die Biegeeigenschaften

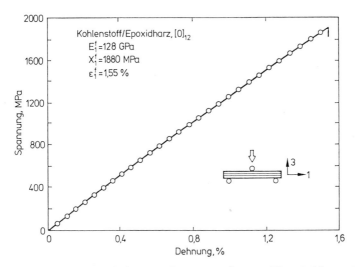

Fig. 7.2: Biegespannungs-Dehnungs-Diagramm für eine $[0]_{12}$-Kohlenstofffaser/Epoxidharz-Probe

auf reine Zug- und Druckeigenschaften zu beziehen, wird ein Verfahren in Anhang B beschrieben.

Für den Fall, in dem die Probe nicht mit einem Dehnungsmeßstreifen versehen ist, kann der Biegemodul durch ein Kraft-Weg (P/δ)-Diagramm bestimmt werden, wenn der Weg am mittleren Belastungspunkt gemessen und interlaminare Scherdeformation [WHI 84] berücksichtigt wird. Der Biegemodul sollte aus dem linearen Anfangsbereich der Kraft-Weg-Kurve bestimmt werden und kann durch die Beziehung [WHI 84]:

$$E_1^f = \frac{PL^3}{4wh^3 \left[\delta - \dfrac{3PL}{8whG_{13}}\right]} \tag{7.5}$$

erhalten werden, wobei G_{13} der interlaminare Schermodul ist.

In vielen Fällen ist G_{13} nicht bekannt, kann aber durch den intralaminaren Schermodul (G_{12}) genähert werden. Vernachlässigung der Scherdeformation führt zu einem einfachen Ausdruck für den Biegemodul:

7 Biegeverhalten der Laminatschichten

$$E_1^f = PL^3/(4wh^3 \delta) \qquad (7.6)$$

Diese Beziehung ergibt jedoch einen Modul, der kleiner als der tatsächliche Wert ist (Fig. 7.4). Die Werte in Fig. 7.4 zeigen in Übereinstimmung mit der obigen Begründung, daß große Spannweiten-zu-Dicken-Verhältnisse (L/h) benötigt werden, um den korrekten Biegemodul zu ermitteln.

Schließlich sollte angemerkt werden, daß, auch wenn es nicht so gebräuchlich ist, die Biegeeigenschaften von Proben mit einer Faserorientierung 90° zur Probenstabachse im analogen Verfahren bestimmt werden können.

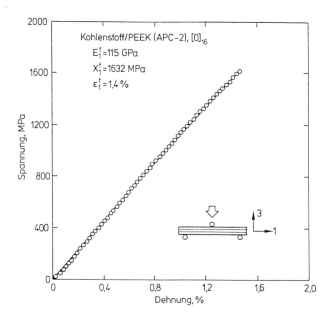

Fig. 7.3: Biegespannungs-Dehnungs-Diagramm für eine $[0]_{16}$-Kohlenstofffaser/PEEK-Probe

7.2 Auswertung

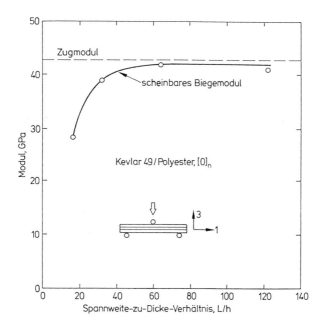

Fig. 7.4: Regulärer Biegemodul von unidirektionalem Kevlar 49/Polyester als Funktion des Spannweiten-zu-Dicken-Verhältnisses [ZWE 85]

8 Thermoelastisches Verhalten der Laminatschichten

Das thermoelastische Verhalten ist durch die thermischen Ausdehnungskoeffizienten charakterisiert. Die Messung der Dimensionsänderungen, der von externen Spannungen freien Laminatschicht, in einem Temperaturbereich ermöglicht die Bestimmung von:

Thermischer Ausdehnungskoeffizient in Faserrichtung, α_1

Thermischer Ausdehnungskoeffizient senkrecht zur Faserr., α_2

Für viele Materialien wurde ermittelt, daß elektrische Dehnungsmeßstreifen nützlich zur Beobachtung der Dimensionsänderungen einer Probe sind, die einer Temperaturänderung ausgesetzt ist. Die zur Bestimmung der thermischen Ausdehnung verwendete Probe sollte ein unidirektionaler, achtlagiger Verbund der Größe 50 mm x 50 mm sein (Fig. 8.1). Die Temperatur kann mit einem Temperatursensor oder Thermoelement gemessen werden. Der Temperaturbereich sollte unter Beachtung des Meßstreifentyps, Sensors und der Temperaturresistenz des Harzes im Verbund ausgewählt werden. Für einen typischen Epoxidharzmatrix-Verbund ist 20°C bis 150°C ein entsprechender Temperaturbereich. Da Feuchtigkeit in vielen Harzsystemen Dimensionsänderungen hervorruft, ist das Trocknen der Proben vor dem Messen der thermischen Ausdehnung wichtig.

8.1 Temperaturmeßfühlersystem

Zur Aufzeichnung der Temperatur ist es gebräuchlich ein Widerstandsmeßstreifenkreis zu benutzen, der dem Experimentator die Aufzeichnung der Temperatur der Probe erlaubt, während gleichzeitig die Dehnungsmessung mit der gleichen Ausleseeinrichtung erfolgt. Der Meßstreifen ("Micro Measurements type ETG-50B" oder Ähnliches [MEA]) ist ein Meßgitter aus hochreiner Nickelfolie, die durch Standard-Dehnungsmeßstreifen-Klebetechnik auf die Probe geklebt wird. Dazu wird ein für Hochtemperaturbereichsanwendungen empfohlener Kleber (M-Bond 600 oder

8.1 Temperaturmeßfühlersystem

Ähnliches [MEA]) benutzt. Dieser temperaturresistente Sensor (Fig. 8.1) zeigt eine lineare Widerstandsänderung mit der Temperatur.

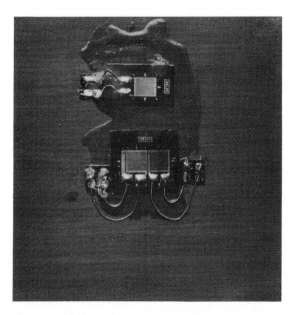

Fig. 8.1: Typische Kohlenstoffaser/Epoxidharz-Probe mit Dehnungsmeßstreifen (Mitte) und Temperatursensor

Nachdem der Meßstreifen gut befestigt und verdrahtet wurde, wird er an der Meßstreifenausleseeinrichtung (Meßverstärker) zusammen mit anderen benutzten Dehnungsmeßstreifen angeschlossen. Ein spezieller Widerstandskreis ("Micro Measurements #LST-10F-120B" oder Ähnliches [MEA]) kann in den Meßkreis eingefügt werden, der das Meßstreifensignal modifiziert, so daß direkt die Temperatur in °C oder °F angezeigt wird. Vor dem Testen muß darauf geachtet werden, daß die Temperatur auf Raumtemperatur und der richtige Meßstreifenfaktor eingestellt ist. Bleidrähte, die Temperaturen größer als ungefähr 75°C ausgesetzt sind, sollten durch eine Teflonumwicklung geschützt werden. Zusätzlich oder als Alternative können mehrere Thermoelemente als Temperatursensoren an die Probe befestigt werden.

8.2 Temperaturkompensation

In nichtisothermischen Anwendungen von Dehnungsmeßstreifen müssen Techniken zur Kompensation von Änderungen der Meßstreifen-Verhaltenscharakteristik durch Temperaturänderungen angewendet werden. Änderungen des Verhaltens der Meßstreifen betrifft folgendes:

- Die Dehnungsempfindlichkeit der Metallegierung des Meßstreifens ändert sich mit der Temperatur.

- Der Meßstreifen dehnt sich mit Temperaturänderung aus.

- Der Widerstand der Meßstreifen ändert sich wegen des Widerstandstemperaturkoeffizienten des Meßstreifenmaterials.

Im folgenden wird ein auf einer Verbundwerkstoffprobe aufgeklebter Meßstreifen betrachtet. Für eine gegebene Temperaturänderung $\Delta T = T - T_0$, wobei T_0 die Anfangstemperatur ist, kann die Änderung (ΔR) des Meßstreifenwiderstands (R) wie folgt ausgedrückt werden:

$$(\Delta R/R) = (\alpha_c - \alpha_g) S_g \Delta T + \gamma \Delta T \qquad (8.1)$$

wobei α_c und α_g jeweils die Temperaturausdehnungskoeffizienten des Verbundes und des Meßstreifens sind, γ ist der Widerstandstemperaturkoeffizient des Meßstreifenmaterials und S_g der Meßstreifenfaktor. Für große Temperaturänderungen ist es auch notwendig, die Temperaturabhängigkeit des Meßstreifenfaktors zu berücksichtigen.

Eine gebräuchliche Temperaturkompensationsmethode benutzt einen, mit dem auf den Verbund geklebten, identischen Referenzmeßstreifen, der auf ein Substrat mit bekanntem Temperaturausdehnungskoeffizienten montiert wird. Für den auf den Verbund geklebten Meßstreifen ergibt Gl. (8.1):

$$(\Delta R_1/R) = (\alpha_c - \alpha_g) S_g \Delta T + \gamma \Delta T \qquad (8.2)$$

und für den auf das Referenzsubstrat geklebten Meßstreifen:

$$(\Delta R_2/R) = (\alpha_r - \alpha_g) S_g \Delta T + \gamma \Delta T \qquad (8.3)$$

8.2 Temperaturkompensation

wobei α_r der Temperaturausdehnungskoeffizient des Referenzsubstrats ist. Kombination von Gl. (8.2) und (8.3) ergibt:

$$\alpha_c = \alpha_r + (\Delta R_1 - \Delta R_2) / (RS_g \Delta T) \tag{8.4}$$

oder equivalent:

$$\alpha_c = \alpha_r + (\varepsilon_c - \varepsilon_r)/ \Delta T \tag{8.5}$$

wobei ε_c und ε_r jeweils der Ausdehnungswert für den Verbund und für das Referenzsubstrat ist. In der Praxis sind die Meßstreifen mit einer halben Wheatston'schen Brücke verbunden, so daß die Widerstandsänderungen der zwei Meßstreifen (ΔR_1, ΔR_2) subtrahiert werden (Fig. 8.2). Deshalb ist die Ausgangsspannung der Brücke direkt proportional zu der Größe ($\varepsilon_c - \varepsilon_r$).

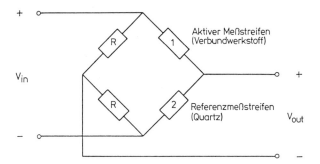

Fig. 8.2: Halbbrückenkreis

Das Referenzmaterial sollte nach der erwarteten Größe von α_c ausgewählt werden. Wenn die Werte von α_c und α_r zu dicht liegen, wird die auftretende, gemessene Ausdehnung ($\varepsilon_c - \varepsilon_r$) sehr klein sein und die Meßempfindlichkeit leiden. Ein gebräuchliches Referenzmaterial ist Quartz mit $\alpha_r = 0{,}56 \times 10^{-6}/°C$. Um die generell kleinen thermischen Ausdehnungskoeffizienten in Faserrichtung sehr genau zu messen, kann die Verwendung von dilatometrischen Techniken [ASTM] notwendig sein.

8.3 Messung der thermischen Ausdehnung

(a) Befestige zwei Dehnungsmeßstreifen (WK-06-125AC oder Ähnliches [MEA]) und einen Temperatursensor (oder Thermoelement) an die Verbundprobe. Ein Meßstreifen sollte parallel zur Faserrichtung und der andere senkrecht zur Faserrichtung ausgerichtet sein (Fig. 8.1). Hochtemperatur-Dehnungsmeßstreifenkleber sollte benutzt werden und die Meßstreifen sollten nach den Kleberspezifikationen nachgehärtet werden.

(b) Die Verbundprobe und das Referenzmaterial werden dann in die Mitte eines Laborofens gelegt. Meßstreifen-Bleidrähte sollten im Ofen durch Teflonbeschichtung geschützt werden.

(c) Die Dehnungsmeßstreifen und der Temperatursensor (und/oder Thermoelement) werden an das Aufzeichnungssystem angeschlossen.

(d) Dann wird unter Verwendung der Ofensteuerung die Temperatur langsam bis auf 150°C erhöht. Durch Beobachtung des Ofenthermometers können Dehnungs- und Temperaturmessungen in gleichen Temperaturintervallen durchgeführt werden. Nachdem 150°C erreicht sind, wird die Ofentemperatur langsam auf Raumtemperatur gesenkt. Dehnungs- und Temperaturmessungen werden auch während des Abkühlens genommen. Mehrere Temperaturzyklen sind empfehlenswert, wenn die Zeit es erlaubt.

8.4 Auswertung

Von der durch die Halbbrücke gemessenen, aufgetretenen Dehnung ($\varepsilon_A = \varepsilon_c - \varepsilon_r$) kann die Verbundausdehnung (ε_c) in jeder Richtung nach Gl. (8.5) bestimmt werden:

$$\varepsilon_c = \alpha_r \Delta T + \varepsilon_A \tag{8.6}$$

Trage ε_c über die Temperatur (T) oder die Temperaturänderung $\Delta T = T - T_0$ auf, wobei T_0 die Anfangstemperatur der Probe ist. Fig. 8.3 zeigt typische Ergebnisse für eine Kohlenstoffaser/Epoxidharz-Probe. Um den thermischen Ausdehnungskoeffizienten in dem verwendeten Temperaturbereich zu bestimmen, errechne die Steigung im Dehnungs-Temperatur-Diagramm. Fig. 8.4 zeigt die thermische

8.4 Auswertung

Ausdehnung für Kevlar/Epoxidharz- und S-Glas/Epoxidharz-Verbunde.

Manchmal wird eine Hystere beim Abkühlen beobachtet (Fig. 8.5). Dies ist nicht ungewöhnlich, obwohl es noch nicht ganz verstanden ist. Generell wird angenommen, daß dies aus dem Einfluß der Temperatur auf die Klebung zwischen Meßstreifen und Probe resultiert. Es ist auch möglich, daß viskoelastische Effekte das Materialverhalten der Verbunde bei höheren Temperaturen beeinflussen. Hohe Temperaturänderungsraten verursachen mehr Hysterese, was anzeigt, daß das Material nicht im thermischen Gleichgewicht ist. Jedoch sind die Aufwärm- und Abkühldaten bei niedrigen Temperaturen konsistent und die Koeffizienten klar definiert.

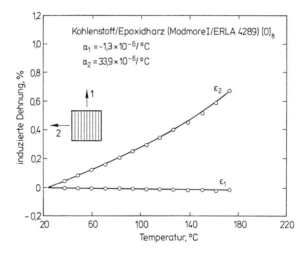

Fig. 8.3: Thermische Ausdehnung für einen Kohlenstoffaser/Epoxidharz-Verbund [WHI 84]

84 8 Thermoelastisches Verhalten der Laminatschichten

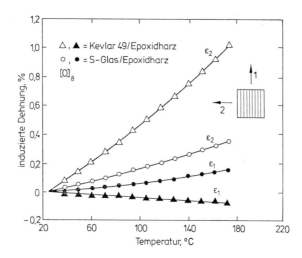

Fig. 8.4: Thermische Ausdehnung für einen Kevlarfaser/Epoxidharz- (α_1 = -4,0 x 10^{-6}/°C, α_2 = 57,6 x 10^{-6}/°C) und S-Glas/Epoxidharz-Verbund (α_1 = 6,6 x 10^{-6}/°C, α_2 = 19,7 x 10^{-6}/°C) [WHI 84]

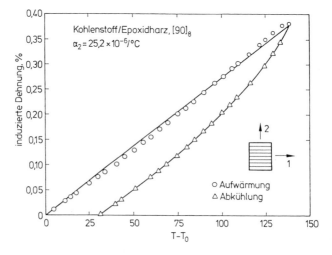

Fig. 8.5: Thermische Ausdehnung in transversaler Richtung für einen Kohlenstoffaser/Epoxidharz-Verbund, die Hysterese zeigt

9 "Off-Axis"-Verhalten der Laminatschichten

Um das Scherkopplungsphänomen und den "Off-Axis"-Modul sowie die "Off-Axis"-Festigkeit für Laminatschichten (Modul und Festigkeit von Laminatschichten, deren Faserorientierung nicht parallel oder senkrecht zur Belastungsrichtung ist) zu charakterisieren, wird das Spannungs-Dehnungs-Verhalten von "Off-Axis"-Proben unter uniaxialem Zug beobachtet. Diese Proben bestehen aus einer unidirektional verstärkten Probe mit einer Faserrichtung, die in einem Winkel α zur Belastungsrichtung orientiert ist (Fig. 9.1). Typische Abmessungen der "Off-Axis"-Proben sind in Tab. 9.1 gegeben.

Tab. 9.1: Dimensionen der "Off-Axis"-Probe

w [mm]	L [mm]	L_T [mm]	L_G [mm]
25,4 ± 0,2	229 ± 3	38,1 ± 1,5	152 ± 1,5

9.1 Scherkopplungsverhältnis und axialer Young'scher Modul

Wegen der "Off-Axis"-Konfiguration der Probe ist das Verhalten in der Schichtebene durch eine vollständige Nachgiebigkeitsmatrix charakterisiert (Kap. 2.1):

$$\begin{bmatrix} \varepsilon_x \\ \varepsilon_y \\ \gamma_{xy} \end{bmatrix} = \begin{bmatrix} \bar{S}_{11} & \bar{S}_{12} & \bar{S}_{16} \\ \bar{S}_{12} & \bar{S}_{22} & \bar{S}_{26} \\ \bar{S}_{16} & \bar{S}_{26} & \bar{S}_{66} \end{bmatrix} \begin{bmatrix} \sigma_x \\ \sigma_y \\ \tau_{xy} \end{bmatrix} \quad (9.1)$$

wobei das x-y-System in Fig. 9.1 definiert ist.

Für einen Probestreifen, der einem uniaxialen, gleichförmigen Spannungszustand ($\sigma_y = \tau_{xy} = 0$) ausgesetzt ist, ergibt Gl. (9.1):

86 9 "Off-Axis"-Verhalten der Laminatschichten

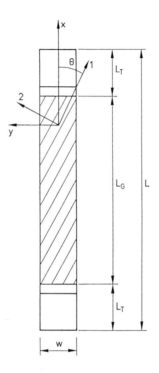

Fig. 9.1: Geometrie der "Off-Axis"-Zugprobe ($\Theta < 0$)

$$\begin{bmatrix} \varepsilon_x \\ \varepsilon_y \\ \gamma_{xy} \end{bmatrix} = \sigma_x \begin{bmatrix} \bar{S}_{11} \\ \bar{S}_{12} \\ \bar{S}_{16} \end{bmatrix} \qquad (9.2)$$

wobei

$$\bar{S}_{11} = m^4 S_{11} + m^2 n^2 (2S_{12} + S_{66}) + n^4 S_{22}$$
$$\bar{S}_{12} = m^2 n^2 (S_{11} + S_{22} - S_{66}) + S_{12}(m^4 + n^4) \qquad (9.3\text{-}5)$$
$$\bar{S}_{16} = 2m^3 n (S_{11} - S_{12}) + 2mn^3 (S_{12} - S_{22}) - mn(m^2 - n^2) S_{66}$$

in welchen $m = \cos \Theta$ und $n = \sin \Theta$ ist.

9.1 Scherkopplungsverhältnis und axialer Young'scher Modul

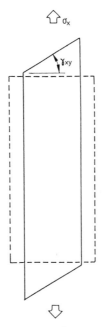

Fig. 9.2: "Off-Axis"-Probe unter gleichförmiger axialen Spannung ($\Theta > 0$)

Der einem uniaxialen Spannungszustand ausgesetzten "Off-Axis"-Probestreifen zeigt daher, zusätzlich zur axialen und transversalen Dehnung ($\varepsilon_x, \varepsilon_y$), eine Scherdehnung ($\gamma_{xy}$) (Fig. 9.2).

Das Scherkopplungsverhältnis ist (analog der Poissonzahl bei axialer Belastung) wie folgt definiert:

$$\eta_{xy} = \gamma_{xy}/\varepsilon_x \qquad (9.6)$$

Diese Definition wird bei der experimentellen Bestimmung von η_{xy} benutzt. Theoretisch ist η_{xy} mit Gl. (9.2):

$$\eta_{xy} = \bar{S}_{16}/\bar{S}_{11} \qquad (9.7)$$

Wenn die Materialeigenschaften aus vorangegangenen Experimenten bekannt sind, ermöglicht Gl. (9.7) die Voraussage des Scherkopplungsverhältnisses und den Vergleich mit den experimentell bestimmten Werten. Der "Off-Axis"-Test kann auch als

88   9 "Off-Axis"-Verhalten der Laminatschichten

Basis zur Bestimmung des axialen Young'schen Moduls (E_x) des Probestreifens genutzt werden. Die Definition ist:

$$E_x = \sigma_x/\varepsilon_x \tag{9.8}$$

Theoretisch ist mit Gl. (9.2):

$$E_x = 1/\bar{S}_{11} \tag{9.9}$$

Diese Gleichung ermöglicht den Vergleich mit den auf Gl. (9.8) basierendem experimentell bestimmten Modul.

Bei dieser Testgeometrie erlaubt die typische Probeneinspannungskonfiguration keine Scherdeformation in dem Bereich der Einspannung. Dies macht das Anlegen eines wirklich gleichförmigen Spannungszustands an die Probe eigentlich unmöglich. Jedoch ist bekannt, daß das Kantenverhältnis des Probenstreifens (Länge-zu-Breiten-Verhältnis) den Spannungs- und Dehnungszustand in der Mitte der Probe stark beeinflußt. Eine Diskussion dieses Phänomens ist durch Halpin und Pagano [HAL 68] gegeben. Im Anhang C sind Herleitungen des korrigierten Scherkopplungsverhältnisses und axialen Moduls für endliche Längen-zu-Breiten-Verhältnisse zusammengefaßt.

Die "Off-Axis"-Probe ist mit einer Dehnungsmeßstreifenrosette instrumentiert, wobei einer der Meßstreifen der Rosette parallel zur Probenachse orientiert ist (x-Richtung in Fig. 9.1), einer in 45°-Richtung und einer in -45°-Richtung. Für den in 45°-Richtung orientierten Meßstreifen ergibt Gl. (2.9):

$$\varepsilon(+45°) = [\varepsilon_x + \varepsilon_y + \gamma_{xy}]/2 \tag{9.10}$$

Für den Meßstreifen in -45°-Richtung:

$$\varepsilon(-45°) = [\varepsilon_x + \varepsilon_y - \gamma_{xy}]/2 \tag{9.11}$$

Kombination von Gl. (9.10) und (9.11) ergibt:

$$\gamma_{xy} = \varepsilon(+45°) - \varepsilon(-45°) \tag{9.12}$$

Der axiale Young'sche Modul (E_x) ist einfach durch die axiale Spannung (σ_x), dividiert durch die axiale Dehnung (ε_x) bestimmt:

$$E_x = \sigma_x/\varepsilon_x \tag{9.13}$$

9.2 "Off-Axis"-Festigkeit

Die Zugfestigkeit der "Off-Axis"-Probe ist eine Funktion des "Off-Axis"-Winkels. Der Spannungszustand im Faserkoordinatensystem (1-2) kann als Funktion des Winkels mit Gl. (2.8) erhalten werden:

$$\begin{bmatrix} \sigma_1 \\ \sigma_2 \\ \tau_{12} \end{bmatrix} = \sigma_x \begin{bmatrix} m^2 \\ n^2 \\ -mn \end{bmatrix} \qquad (9.14)$$

Deshalb ist der Spannungszustand im Faserkoordinatensystem (prinzipielles Materialkoordinatensystem) biaxial. Um die Festigkeit vorherzusagen ist ein kombiniertes Versagenskriterium notwendig. Eines der mehr gebräuchlichen "Quadratischen Versagenskriterien" ist das Tsai-Wu Tensorpolynom [TSA 71], das die folgende Form im Fall ebener Spannung hat:

$$F_1\sigma_1 + F_2\sigma_2 + F_6\tau_{12} + F_{11}\sigma_1^2 + F_{22}\sigma_2^2 + F_{66}\tau_{12}^2 + 2F_{12}\sigma_1\sigma_2 = 1 \quad (9.15)$$

wobei Versagen unter kombinierter Spannung dann angenommen wird, wenn die linke Seite der Gl. (9.15) gleich oder größer als eins ist. Alle Parameter des Tsai-Wu-Kriteriums, außer F_{12}, können in Termen der inneren Festigkeit ausgedrückt werden:

$$F_1 = 1/X_1^T - 1/X_1^C \qquad F_{11} = 1/(X_1^T X_1^C)$$

$$F_2 = 1/X_2^T - 1/X_2^C \qquad F_{22} = 1/(X_2^T X_2^C) \qquad (9.16)$$

$$F_6 = 1/S_6^+ - 1/S_6^- \qquad F_{66} = 1/(S_6^+ S_6^-)$$

wobei:

X_i^T = Zugfestigkeit in i-Richtung

X_i^C = Druckfestigkeit in i-Richtung

S_6^+ und S_6^- = positive und negative Scherfestigkeit in der 1-2-Ebene

F_{12} ist ein Festigkeitswechselwirkungsparameter, der durch ein Experiment mit biaxialer Belastung bestimmt werden muß. Jedoch schlugen Tsai und Hahn [TSA 80] vor, daß F_{12} durch folgende Beziehung abgeschätzt werden kann:

$$F_{12}=-1/\left(2\sqrt{X_1^T X_2^T X_1^C X_2^C}\right) \qquad (9.17)$$

Für orthotrope Materialien, die in der 1-2-Ebene belastet werden hängt die Scherfestigkeit nicht vom Vorzeichen der Scherspannung ab ($S_6^+ = S_6^- = S_6$). In diesem Fall ist in Gl. (9.16) $F_6 = 0$ und $F_{66} = 1/S_6^2$.

9.3 Messung des "Off-Axis"-Verhaltents

(a) Stelle "Off-Axis"-Proben mit drei verschiedenen Winkeln her (z.B.: 15°, 30° und 60°). Die Proben sollten unidirektional, 6-8-lagige Zugproben mit den in Fig. 9.1 und Tab. 9.1 angegebenen Abmessungen sein.

(b) Instrumentiere jede Probe mit einer Rosette aus drei Dehnungsmeßstreifen (Kap. 5.2). Richte die Achse eines Meßstreifens der Rosette in die Probenachse, eine in 45°-Richtung und eine in -45°-Richtung aus.

(c) Messe die Probenquerschnittsdimensionen (Mittel aus 6 Messungen).

(d) Montiere die Probe in eine gut ausgerichtete und kalibrierte Prüfmaschine. Stelle eine Traversengeschwindigkeit zwischen 0,5 und 1 mm/min ein.

(e) Zeichne das Kraft-Dehnungs-Verhalten der Probe (aller drei Meßstreifen) auf. Speichere Dehnungswerte in kleinen Kraftintervallen, um mindestens 25 Meßpunkte im linearen Teil der Kurve zu erhalten. Belaste die Probe bis zum Versagen.

9.4 Auswertung

9.4.1 Berechnung des Scherkopplungsverhältnisses und axialen Moduls

Berechne die Scherdehnung (γ_{xy}) durch Gl. (9.12) und trage sie über die longitudinale Dehnung (ε_x), wie in Fig. 9.3 gezeigt, auf. Bestimme das Scherkopplungsverhältnis (η_{xy}) aus der Anfangssteigung der Kurve γ_{xy} über ε_x (Gl. (9.6)).

Berechne das theoretische Scherkopplungsverhältnis mit Gl. (9.7) als Funktion des "Off-Axis"-Winkels und zeichne die gemessenen und berechneten Werte gegen den "Off-Axis"-Winkel wie in Fig.9.4 auf. Die theoretische Beziehung (Gl. (9.7)) basiert auf einer Probe mit unendlichem Längen-zu-Breiten-Verhältnis. Wegen des endlichen Längen-zu-Breiten-Verhältnis (L_G/w) der Proben wird ein signifikanter Unterschied zwischen experimentellen und theoretischen Scherkopplungsverhältnissen, besonders bei 15° beobachtet. Eine bessere Übereinstimmung zwischen Theorie und Experiment kann erreicht werden, wenn die aktuellen Scherkopplungsverhältnisse bezüglich endlicher L_G/w-Verhältnissen nach dem im Anhang C beschriebenen Verfahren korrigiert werden (Fig. 9.4).

Der axiale Young'sche Modul (E_x) ist durch die Anfangssteigung der σ_x/ε_x-Kurve mit Gl. (9.13) bestimmt. Berechne den theoretischen Modul durch Gl. (9.9) und trage den gemessenen sowie berechneten Modul über dem "Off-Axis"-Winkel, wie in Fig. 9.5 gezeigt, auf. Die theoretische Beziehung (Gl. (9.9)) basiert auf einer Probe mit unendlichem Längen-zu-Breiten-Verhältnis und unterschätzt den aktuellen Modul, der durch die Einspannungsbehinderung beeinflußt wird. Der korrigierte Modul (Anhang C) zeigt bessere Übereinstimmung mit den experimentellen Werten (Fig. 9.5).

Die in Fig. 9.4 und 9.5 gezeigten, theoretischen Kurven basieren auf folgenden mechanischen Kennwerten:

E_1 = 126 GPa $\qquad$ E_2 = 10 GPa

ν_{12} = 0,30 $\qquad$ G_{12} = 5,2 GPa

92 9 "Off-Axis"-Verhalten der Laminatschichten

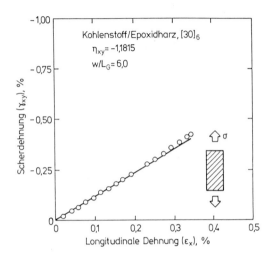

Fig. 9.3: Scherdehnung über longitudinaler Dehnung für eine $[30]_6$-Kohlenstoffaser/Epoxidharz-Probe

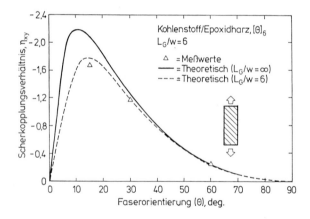

Fig. 9.4: Experimentelles und theoretisches Scherkopplungsverhältnis als Funktion des "Off-Axis"-Winkels für eine Kohlenstoffaser/Epoxidharz-Probe

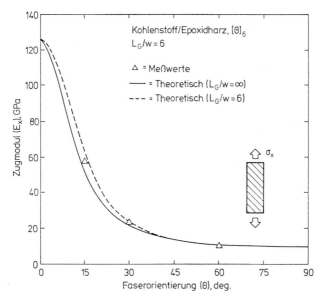

Fig. 9.5: Experimenteller und theoretischer axialer Young'scher Modul für eine Kohlenstoffaser/Epoxidharz-Probe

9.4.2 Berechnung der "Off-Axis"-Festigkeit

Tab. 9.2 zeigt "Off-Axis"-Festigkeitsdaten für einen Kohlenstoffaser/Epoxidharz-Verbund. Ein kombiniertes Spannungsversagenskriterium wird für den Vergleich mit experimentell bestimmten Festigkeitswerten benutzt. Im Tsai-Wu-Kriterium kann hier zur Vereinfachung angenommen werden, daß die Zug- und Druckfestigkeiten gleich sind, $F_1 = F_2 = 0$ (Gl. (9.16)) und daß $F_{12} = -1/(2(X_1^T)^2)$ ist. Gl. (9.15) reduziert sich dann zum "Tsai-Hill-Kriterium" [JON 75]:

$$(\sigma_1/X_1^T)^2 - \sigma_1\sigma_2/(X_1^T)^2 + (\sigma_2/X_2^T)^2 + (\tau_{12}/S_6)^2 = 1 \quad (9.18)$$

Wenn σ_1, σ_2 und τ_{12}, gegeben durch Gl. (9.14), in Gl. (9.18) eingesetzt werden, erhält man einen Ausdruck für die maximale Zugfestigkeit (σ_x^{max}):

9 "Off-Axis"-Verhalten der Laminatschichten

$$\sigma_x^{max} = \left[\frac{m^4-m^2n^2}{(X_1^T)^2} + \frac{n^4}{(X_2^T)^2} + \frac{m^2n^2}{(S_6)^2} \right]^{-1/2} \tag{9.19}$$

Diese Beziehung ist in Fig. 9.6 zusammen mit experimentell bestimmten Versagensspannungen für einen Kohlenstoffaser/Epoxidharz-Verbund (Tab. 9.2) gegen den "Off-Axis"-Winkel aufgetragen. Fig. 9.7 zeigt einen Vergleich zwischen gemessenen "Off-Axis"-Festigkeitswerten und dem Tsai-Wu-Kriterium für einen Borfaser/Epoxidharz-Verbund. Exzellente Übereinstimmung wird beobachtet.

Tab. 9.2: "Off-Axis"-Festigkeitswerte für Kohlenstoffaser/Epoxidharz-Proben

Winkel Θ	Festigkeit [MPa]
5°	780
15°	305
30°	112
60°	65

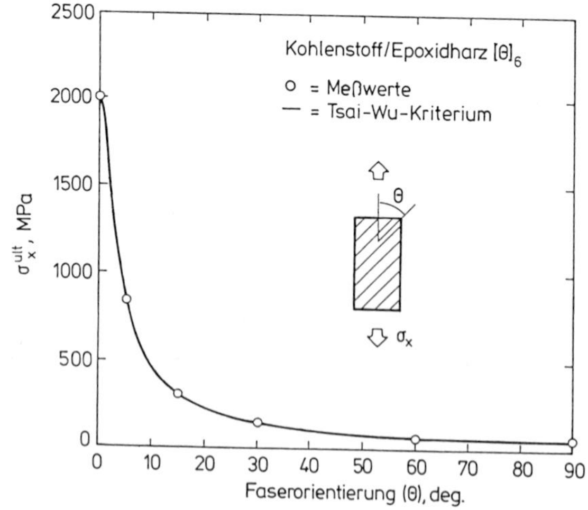

Fig. 9.6: Experimentelle und theoretische Versagensspannung für eine Kohlenstoffaser/Epoxidharz-"Off-Axis"-Probe

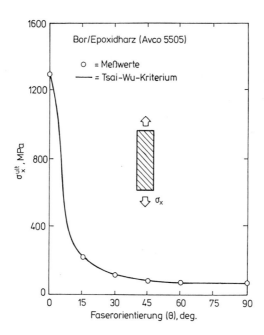

Fig. 9.7: "Off-Axis"-Festigkeit für einen Borfaser/Epoxidharz-Verbund [PIP 73]

10 Zugverhalten von Laminaten

Die Komplexität des mechanischen Verhaltens des Laminats (Fig. 10.1) ist im Vergleich zu dem im letzten Kapitel diskutiertem Laminatschichtverhalten wesentlich gesteigert. Da das Laminat meistens "Off-Axis"-Lagen enthält, ist der Spannungszustand in einer gegebenen Lage im Inneren biaxial. Weiterhin entwickelt sich an freien Rändern ein gänzlich dreidimensionaler Spannungszustand [PAG 71, PAG 73, PIP 73]. Tatsächlich wurde gezeigt, daß der Spannungszustand an freien Rändern für bestimmte Laminate singulär sein kann [WAN 82a] und Randdelaminationen auftreten können [PAG 73]. Jedoch wurde gezeigt, daß diese Effekte freier Ränder auf einem Lagenrandbereich begrenzt ist, der ungefähr eine Laminatdicke in das Laminat hineinreicht [WAN 82b]. Die klassische, in Kap. 2 vorgestellte Laminattheorie gibt eine gute Vorhersage des Spannungszustands im Laminatinneren und dem makroskopischen Verhalten des Laminats. In diesem Kapitel basieren alle Analysen auf der klassischen Laminattheorie. Interlaminarer Bruch wird in Kap. 13 diskutiert.

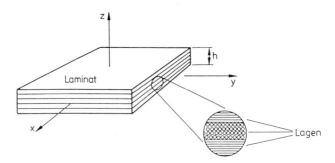

Fig. 10.1: Das Laminat wird aus übereinander geschichteten, unidirektionalen Lagen gebildet

Das mechanische Zugverhalten von Verbundlaminaten wird mit elektrischen Widerstandsdehnungsmeßstreifen beobachtet, um die elastischen Eigenschaften wie auch die Zugfestigkeit und Dehnung beim Versagen festzulegen. Zugproben mit den in Tab. 5.1 und Fig. 5.1 angegebenen Abmessungen (25,4 mm x 229 mm) werden instrumentiert und bis zum Bruchversagen belastet Die effektiven zu messenden Laminateigenschaften beinhalten:

Axialer Young'scher Modul. E_x

Poissonzahl, ν_{xy}

Maximale axiale Spannung und Dehnung, $\sigma_x^{max}, \varepsilon_x^{max}$

Die in diesem Kapitel untersuchten Proben sind auf symmetrische und ausgewogene Laminate begrenzt. Symmetrisch heißt, daß für jede Lage oberhalb der Mittelebene des Laminats eine identische Lage im gleichen Abstand unterhalb der Mittelebene vorhanden ist. Ausgewogen heißt, daß für jede in einem Winkel Θ zur x-Achse orientierten Lage (Fig. 10.1) eine identische, in einem Winkel $-\Theta$ zur x-Achse orientierten Lage vorhanden ist. Typische Beispiele solcher Laminate sind:

$[0, \pm45, 90]_S$ $[0_2, \pm45]_S$ $[0, 90]_S$

Es kann gezeigt werden, daß sich die grundlegende Gl. (2.25) für symmetrische und ausgewogene Laminate auf:

$$\begin{bmatrix} N_x \\ N_y \\ N_{xy} \end{bmatrix} = \begin{bmatrix} A_{11} & A_{12} & 0 \\ A_{12} & A_{22} & 0 \\ 0 & 0 & A_{66} \end{bmatrix} \begin{bmatrix} \varepsilon_x \\ \varepsilon_y \\ \gamma_{xy} \end{bmatrix} \quad (10.1)$$

reduziert (z.B. [JON 75]), wobei thermisch und durch Feuchtigkeit induzierte Spannungen vernachlässigt wurden.

In dem besonderen Fall von uniaxialer Belastung des Laminats in x-Richtung ist $N_y = N_{xy} = 0$. Inversion von Gl. (10.1) ergibt:

$$\varepsilon_x = A_{22} N_x / [A_{11}A_{22} - A_{12}^2] \quad (10.2)$$

$$\varepsilon_y = (-A_{12}/A_{22}) \varepsilon_x \quad (10.3)$$

Deshalb ist der axiale Young'sche Modul (E_x):

$$E_x = [(A_{11}A_{22} - A_{12}^2)/A_{22}] / h \quad (10.4)$$

und die Poissonzahl:

$$v_{xy} = A_{12}/A_{22} \tag{10.5}$$

wobei h die Laminatdicke ist.

Diese Gleichungen erlauben die Vorhersage der elastischen Eeigenschaften der Laminatzugproben.

10.1 Laminatfestigkeitsanalyse

Der erste Schritt in einer Laminatfestigkeitsanalyse ist die Bestimmung der Dehnung in jeder Lage nach Gl. (2.3) als Funktion der angelegten Kraft (N_x). Als nächstes werden die Spannungen in den prinzipiellen Richtungen jeder Lage durch Gl. (2.6) und (2.9) bestimmt:

$$\begin{bmatrix} \sigma_1 \\ \sigma_2 \\ \tau_{12} \end{bmatrix}_k = \begin{bmatrix} Q_{11} & Q_{12} & 0 \\ Q_{12} & Q_{22} & 0 \\ 0 & 0 & Q_{66} \end{bmatrix} [R][T]_k \begin{bmatrix} \varepsilon_x \\ \varepsilon_y \\ 0 \end{bmatrix} \tag{10.6}$$

wobei k die betrachtete Lage bezeichnet, [R] ist die Reuter-Matrix [REU 71] und $[T]_k$ die in Gl. (2.9) definierte Transformationsmatrix ist. Beachte, daß für ein symmetrisches und ausgewogenes Laminat unter uniaxialer Belastung die Dehnungen unabhängig von dem Lagenort in der Dickenrichtung des Laminats sind.

Die Spannungen werden in das Tsai-Wu-Kriterium, definiert durch Gl. (9.15) eingesetzt. Wenn das Versagenskriterium anzeigt, daß kein Versagen in einer der Lagen aufgetreten ist, wird die Belastung erhöht bis das Versagenskriterium erfüllt ist und Erst-Lagen-Versagen auftritt. Fig. 10.2 zeigt ein Erst-Lagen-Versagen in der Form von einem transversalen Matrixriß in der 90°-Lage eines ([0, ±45, 90]$_S$)$_4$-Laminats. Viele gebräuchliche Bauteilentwürfe erlauben kein Erst-Lagen-Versagen, was in den meisten Fällen durch Matrixriß entlang der Fasern in einer Lage auftritt.

Ein Problem bei der Anwendung des Tsai-Wu-Kriteriums ist, daß es nicht die Versagensform, z.B. transversales Zugversagen voraussagt. Die Versagensform kann durch das Verhältnis der aktuellen Spannung bei Erst-Lagen-Versagen zur Bruchspannung angezeigt werden; als Beispiel, wenn σ_1 und σ_2 Zugspannungen sind:

10.1 Laminatfestigkeitsanalyse

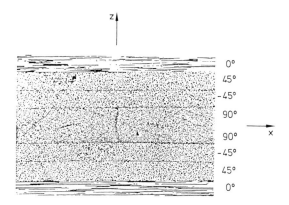

Fig. 10.2: Transversaler Matrixriß in 90°-Lagen eines ([0, ±45, 90]$_S$)$_4$-Kohlenstoffaser/Epoxidharz-Laminat [CAR 86]

$$\sigma_1^{ELV}/X_1^T, \qquad \sigma_2^{ELV}/X_2^T \text{ und } \tau_{12}^{ELV}/S_6$$

wobei X_1^T, X_2^T jeweils die Zugfestigkeit in Faserrichtung sowie transversaler Richtung und S_6 die Scherfestigkeit in der 1-2-Ebene (Kap. 5) ist. Wenn, z.B. σ_2^{ELV}/X_2^T der größte Wert der Spannungs-zu-Festigkeit-Verhältnisse ist, zeigt dies an, daß transversales Zugversagen der betrachteten Lage aufgetreten ist.

Versagen einer Lage kann, muß aber nicht zum Laminatversagen führen. Wenn die verbleibenden Lagen des Laminats in der Lage sind, die neuverteilte Belastung bei Erst-Lagen-Versagen zu tragen, kann das Laminat weiterer Belastung ausgesetzt werden. Eine konservative Abschätzung des Laminatverhaltens nach Erst-Lagen-Versagen basiert auf der Annahme, daß bestimmte elastische Steifigkeitseigenschaften in der grundlegenden Laminatbeziehung verschwinden. Zum Beispiel, wenn die 90°-Lage in transversaler Richtung versagt hat, kann sie immer noch in Faserrichtung Belastung tragen. Jones [JON 75] gibt eine Analyse, in der die folgenden Lageneigenschaften zu null (oder sehr kleine Werte) angenommen werden:

$$E_2 = \nu_{12} = G_{12} = 0 \qquad (10.7)$$

Mit dieser Annahme wird eine neue Steifigkeitsmatrix (Gl. (10.1)) für das Laminat bestimmt, das dann weiter belastet wird, bis das nächste

Lagenversagen auftritt. Dieses Verfahren wird wiederholt bis Letzt-Lagen-Versagen auftritt, daa totales Versagen anzeigt. Bei einer ähnlichen, fortschreitenden Versagensanalyse von Gillespie [CCM 84a], die auf dem Maximalspannungskriterium [JON 75] basiert, wird angenommen, daß transversales Zugversagen nur in $E_2 = v_{12} = 0$ resultiert. Es wird also angenommen, daß die Lage nach transversalem Versagen in der Lage ist, Scherspannungen zu tragen.

Bei einer alternativen, weniger konservativen aber einfacheren Abschätzung der maximalen Versagensbelastung des Laminats wird die maximale Versagensspannung für das Laminat unter der Annahme, daß das Belastungsvermögen der Lagen durch Matrixbruch nicht beeinflußt wird, berechnet [CCM 84b]. Diese Analyse ergibt eine vernünftige Abschätzung der maximalen Versagensbelastung des Laminats, wie in einem folgenden Unterkapitel gezeigt wird. Tatsächlich ist diese Analyse ein Letzt-Lagen-Versagen-Kriterium. Es sollte herausgestellt werden, daß die Steifigkeits- und Festigkeitsberechnungen von allgemeinen Laminaten viel Zeit in Anspruch nehmen. Es wird daher empfohlen, daß der Leser die Laminatberechnungen programmiert oder ein verfügbares Computerprogramm benutzt (z.B. [CCM 84a,b]). Beachte, daß bei unidirektionalen Laminaten die maximale Zugspannung einfach X_1^T ist. Als eine einfache, erste Abschätzung ist die Festigkeit von multidirektionalen Laminaten mit hochfesten 0°-Lagen:

$$\sigma_x^{max} = (\ t(0°)/h)\ X_1^T \qquad (10.8)$$

wobei t(0°) die Gesamtdicke der 0°-Lagen ist.

10.2 Vorbereitung der Proben

Es sollten symmetrische und ausgewogene Laminatplatten hergestellt werden. Typische Beispiele sind [0, ±45, 90]$_S$, [0$_2$, ±45]$_S$ und [0$_2$, 90$_2$]$_S$. Klebe Aufleimer (Kap. 5) auf und säge die Proben mit einer Diamantsäge auf die angegebenen (Tab. 5.1 und Fig. 5.1) Abmessungen aus. Messe die Querschnittsdemensionen (Mittel aus 6 Messungen) und überprüfe die Parallelität der Ränder und der Aufleimer-oberflächen. Befestige zwei Dehnungsmeßstreifen an jeder Probe, einen in longitudinaler Richtung und einen in transversaler

Richtung (Kap. 5.2). Die Meßstreifen sollten in der Mitte der Proben platziert sein. Notiere den Meßstreifenfaktor.

10.3 Zugversuch

Die Proben sollten in einer gut ausgerichteten und kalibrierten Prüfmaschine montiert und getestet werden. Selbstklemmende oder hydraulische Einspannbacken sollten benutzt werden. Stelle eine Traversengeschwindigkeit zwischen 0,5 und 1 mm/min ein. Benutze eine Schutzbrille an der Prüfmaschine. Die Dehnungsaufzeichnung kann kontinuierlich oder in diskreten Kraftintervallen erfolgen. Wenn diskrete Daten genommen werden, sind eine ausreichende Anzahl von Meßpunkten notwendig, um die Spannungs-Dehnungs-Kurve zu reproduzieren. Eine Gesamtanzahl von 40 bis 50 Punkten, mit mindestens 25 Meßpunkten in dem linearen Bereich der Kurve ist zur Festlegung des gesamten Spannungs-Dehnungs-Verhaltens wünschenswert. Beobachte alle Proben bis zum Versagen. Zeichne die Daten zur Auswertung auf. Extrapoliere die Kurve, um die maximale Dehnung festzulegen. Bestimme den Modul und die Poissonzahl durch Geradenfit der Anfangssteigungen.

10.4 Auswertung

Um die Laminateigenschaften zu bestimmen, werden die folgenden Definitionen wiederholt:

E_x: Die Anfangssteigung der Spannungs-Dehnungs-Kurve (σ_x/ε_x) im Laminatzugversuch

v_{xy}: Das negative Verhältnis der transversalen zur longitudinalen Dehnung ($-\varepsilon_y/\varepsilon_x$) im Laminatzugversuch

σ_x^{max}: Maximale Kraft/Anfangsquerschnittsfläche

10.5 Analyse des Zugverhaltens

Fig. 10.3 zeigt ein typisches Spannungs-Dehnungs-Diagramm für eine [0, ±45, 90]$_S$-Kohlenstoffaser/Epoxidharz-Laminat. Ausarbeit-ung der Ergebnisse ergibt die folgenden mechanischen Eigenschaften des Laminats:

$$E_x = 56{,}5 \text{ GPa}, \nu_{xy} = 0{,}34 \text{ und } \sigma_x^{max} = 626 \text{ MPa}.$$

Zur Analyse der Daten werden die Laminatschichteigenschaften benötigt. Für ein typisches Kohlenstoffaser/Epoxidharz-System wurden die folgenden inneren Materialeigenschaften bestimmt:

$E_1 = 140$ GPa $\quad X_1^T = 1950$ MPa $\quad X_2^T = 48$ MPa

$E_2 = 10{,}3$ GPa $\quad X_1^C = 1500$ MPa $\quad X_2^C = 130$ MPa

$\nu_{12} = 0{,}29$ $\quad\quad\quad\quad\quad\quad\quad\quad\quad\quad\;\, S_6 = 85$ MPa

$G_{12} = 5{,}15$ GPa

Mit diesen Laminatschichteigenschaften ergibt die Laminattheorie:

$$E_x = 54{,}2 \text{ GPa}, \quad \nu_{xy} = 0{,}31$$

welche in guter Übereinstimmung mit den gemessenen Werten sind.

Versagen des Laminats kann basierend auf der Annahme, daß die Lagen bis zumVersagen unversehrt bleiben (d.h. der Einfluß durch Risse in den Schichten wird vernachlässigt), analysiert werden [CCM 84b]. Spannungs- und Dehnungswerte bei Schichtversagen, die nach dieser Analyse berechnet wurden, sind in Tab. 10.1 gegeben. Beachte, daß Erst-Lagen-Versagen bei signifikant niedrigerer Spannung vorhergesagt wird als die experimentelle maximale Spannung, σ_x^{max} = 626 MPa, während Letzt-Lagen-Versagen bei signifikant höherer Spannung vorausgesagt wird.

Eine alternative, im letzten Kapitel diskutierte Analyse [CCM 84a], die fortschreitendes Lagenversagen im genäherten Sinne beinhaltet, ergibt Ergebnisse, die in Tab. 10.2 gezeigt sind. Erst-Lagen-Versagen der 90°-Lagen wird bei ähnlichen Spannungen und Dehnungen wie bei dem Modell ohne fortschreitendes Lagenversagen (Tab. 10.1) vorausgesagt. Der Unterschied resultiert aus der Wahl des Versagen-

10.5 Analyse des Zugverhaltens

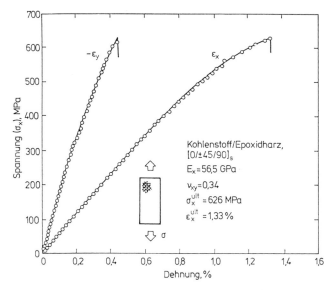

Fig. 10.3: Zugspannungs-Dehnungs-Diagramm für eine [0, ±45, 90]$_S$-Kohlenstoffaser/Epoxidharz-Probe

kriteriums, das für das Modell ohne fortschreitendes Lagenversagen das Tsai-Wu-Kriterium und für das Modell mit fortschreitendem Lagenversagen das Maximal-Spannungs-Kriterium ist. Es wird vorausgesagt, daß als nächstes die ±45°-Lagen versagen. Das Modell ohne fortschreitendes Lagenversagen sagt das Auftreten des Versagens bei 438 MPa und das Modell mit fortschreitendem Lagenversagen bei 536 MPa durch transversales Zugversagen voraus. Endgültiges Versagen wird jeweils bei 754 und 662 MPa vorausgesagt. Nach dem Versagen der 90°- und ±45°-Lagen ist die Belastung nach dem Modell mit fortschreitendem Lagenversagen zu groß, um von den 0°-Lagen getragen zu werden.

In der in Fig. 10.3 gezeigten Spannungs-Dehnungs-Kurve wird nichtlineares Verhalten über ungefähr 400 MPa beobachtet. Dies kann durch Risse in den Schichten verursacht sein, die zu einer höheren Nachgiebigkeit des Laminats führen. Die beobachtete maximale Spannung ist geringer als die durch die Modelle vorausgesagten Werte, wobei das Modell mit fortschreitendem

Lagenversagen jedoch mehr konservativ ist und eine vernünftige Abschätzung der maximalen Versagensspannung gibt.

Es sollte beachtet werden, daß die Analyse der maximalen Laminatspannung, wegen des nach Erst-Lagen-Versagen eingebrachten Fehlers, nicht immer befriedigend ist. Die Voraussage des Erst-Lagen-Versagens ist mehr verläßlich, da das Material bis dahin Fehlerfrei ist. Das Erst-Lagen-Versagens-Kriterium ist für viele gängige Konstruktionen anwendbar, die keine Risse in den Schichten des Bauteils erlauben. Weitere Diskussion dieses Themas ist in [TSA 85] gegeben.

Tab. 10.1: Analytische Lagenversagenspannungen und -dehnungen im Laminatkoordinatensystem für ein [0, ±45, 90]$_S$-Kohlenstoffaser/Epoxidharz-Laminat [CCM 84b]*

Lagenwinkel	σ_x [MPa]	ε_x [%]
0°	754	1,39
45°	438	0,81
-45°	438	0,81
90°	256	0,47

* fortschreitendes Lagenversagen wird nicht betrachtet

Tab. 10.2: Lagenversagenspannungen und -dehnungen im Laminatkoordinatensystem nach einem Modell mit fortschreitendem Lagenversagen [CCM 84a]*

Lagenwinkel	σ_x [MPa]	ε_x [%]
0°	662	-
45°	536, 662**	-
-45°	536, 662**	-
90°	278	0,51

* [0, ±45, 90]$_S$-Kohlenstoffaser/Epoxidharz-Laminat

** ±45°-Lagen versagen durch transversalen Zug bei einer Laminatspannung von 536 MPa und durch Schub bei 662 MPa

11 Thermoelastisches Verhalten von Laminaten

Das thermoelastische Verhalten der allgemeinen Laminate kann sehr komplex sein. Für den besonderen Fall von unsymmetrischen Laminaten führt die Biegung/Ausdehnungs-Kopplung (Gl. (2.25), (2.26)) zu nicht ebenen Verschiebungen eines Laminats, das einer Temperaturänderung ausgesetzt ist. (z.B. [HYE 81]). Für symmetrische und ausgewogene Laminate jedoch, verschwindet die Biegung/ Ausdehnungs- sowie Scher-Kopplung und das Laminat verhält sich wie ein homogenes ortotropes Material.

Der erste Schritt in der Analyse der thermischen Ausdehnung von Laminaten ist die Berechnung der effektiven thermischen Kräfte [N_x^T, N_y^T, N_{xy}^T] für eine gegebene Temperaturänderung (ΔT) durch Gl. (2.27). Dies setzt voraus, daß die thermischen Ausdehnungskoeffizienten der Laminatschichten bekannt sind.

Für ein symmetrisches und ausgewogenes Laminat, das frei deformiert werden kann, ergibt Gl. (2.25):

$$\begin{bmatrix} \varepsilon_x \\ \varepsilon_y \\ \gamma_{xy} \end{bmatrix} = [A]^{-1} \begin{bmatrix} N_x^T \\ N_y^T \\ N_{xy}^T \end{bmatrix} \qquad (11.1)$$

wobei $[A]^{-1}$ die inverse Ausdehnungssteifigkeitsmatrix ist. Für ein ausgewogenes Laminat kann gezeigt werden, daß $N_{xy}^T = \gamma_{xy} = 0$ ist, da die Elemente der A-Matrix $A_{16} = A_{26} = 0$ sind. Weiterhin ergibt Gl. (11.1) mit den thermischen Ausdehnungskoeffizienten $\alpha_x = \varepsilon_x/\Delta T$ und $\alpha_y = \varepsilon_y/\Delta T$:

$$\alpha_x = \frac{A_{22} N_x^T - A_{12} N_y^T}{(A_{11} A_{22} - A_{12}^2) \Delta T} \qquad (11.2)$$

$$\alpha_y = \frac{A_{11} N_y^T - A_{12} N_x^T}{(A_{11} A_{22} - A_{12}^2) \Delta T} \qquad (11.3)$$

106 11 Thermoelastisches Verhalten von Laminaten

Wie bei den Laminatfestigkeitsberechnungen (Kap. 10) ist die Berechnung der thermischen Ausdehnungskoeffizienten zeitaufwendig. Aus diesem Grund wird empfohlen, Gl. (11.2) und (11.3) auf einem Computer zu programmieren [CCM 84b].

11.1 Vorbereitung der Proben und Messung der thermischen Ausdehnung

Die zur Bestimmung der thermischen Ausdehnung zu benutzenden Proben sollten ein repräsentatives 50 mm x 50 mm-Teil des Laminats sein. Typische symmetrische und ausgewogene Laminate sind [0, ±45, 90]$_S$, [0$_2$, ±45$_2$]$_S$ und [0$_2$, 90$_2$]$_S$. Befestige zwei Dehnungsmeßstreifen und einen Temperatursensor (oder Thermoelement) nach dem in Kap. 8.3 geschilderten Verfahren. Die Meßstreifen sollten in die prizipiellen Laminatrichtungen ausgerichtet werden. Gehe nach den generellen, in Kap. 8 beschriebenen Verfahren zur Bestimmung des thermischen Laminatverhaltens vor.

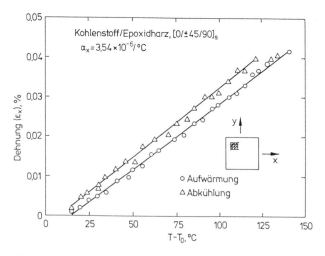

Fig. 11.1: Thermische Ausdehnung in x-Richtung eines [0, ±45, 90]$_S$-Kohlenstoffaser/Epoxidharz-Laminat

11.2 Auswertung

Zeichne die Laminatausdehnung über die Temperatur oder Temperaturänderung auf. Fig. 11.1 und 11.2 zeigen typische Ergebnisse für ein [0, ±45, 90]$_S$-Kohlenstoffaser/Epoxidharz-Laminat. Zur Bestimmung der Temperaturausdehnungskoeffizienten im gewählten Temperaturbereich wird die Steigung der Dehnungs-Temperatur-Geraden bestimmt.

In vielen Fällen wird eine Hysterese bei höheren Temperaturen beobachtet. Jedoch sind bei niedrigeren Temperaturen die Erwärmungs- und Abkühlungsdaten konsistent.

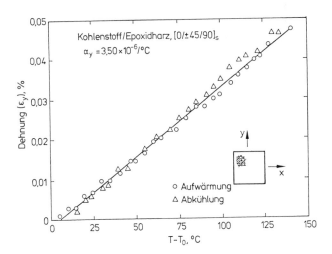

Fig. 11.2: Thermische Ausdehnung in y-Richtung eines [0, ±45, 90]$_S$-Kohlenstoffaser/Epoxidharz-Laminat

11.3 Analyse des thermoelastischen Verhaltens

Die für das [0, ±45, 90]$_S$-Laminat aus Fig. 11.1 und 11.2 bestimmten thermischen Ausdehnungskoeffizienten:

$$\alpha_x = 3,54 \times 10^{-6}/°C$$

$$\alpha_y = 3,50 \times 10^{-6}/°C$$

können mit den auf Gl. (11.2) und (11.3) basierenden Voraussagen verglichen werden. Für ein Kohlenstoffaser/Epoxidharz-System mit dem folgenden Satz von inneren Materialkennwerten:

$E_1 = 140$ GPa $\qquad \alpha_1 = 0,7 \times 10^{-6}/°C$

$E_2 = 10,3$ GPa $\qquad \alpha_2 = 31,2 \times 10^{-6}/°C$

$\nu_{12} = 0,29$

$G_{12} = 5,15$ GPa

ergeben Gl. (11.2) und (11.3) für ein quasiisotropes [0, ±45, 90]$_S$-Laminat:

$$\alpha_x = \alpha_y = 3,3 \times 10^{-6}/°C$$

Dieser Wert ist in guter Übereinstimmung mit den beobachteten experimentellen Werten. Für ein Kohlenstoffaser/Epoxidharz-[0, ±60, 0]$_S$-Laminat mit folgenden inneren Kennwerten:

$E_1 = 160$ GPa $\qquad \alpha_1 = 0,64 \times 10^{-6}/°C$

$E_2 = 9,2$ GPa $\qquad \alpha_2 = 28,1 \times 10^{-6}/°C$

$\nu_{12} = 0,33$

$G_{12} = 5,24$ GPa

wurden die in Tab. 11.1 dargestellten experimentellen und vorausgesagten Werte bestimmt.

Es wurde Beobachtet, daß die Daten bezüglich Erwärmung und Abkühlung konsistent und in guter Übereinstimmung mit den durch einen Computer analytisch Vorausgesagten sind [CCM 84b]. Beachte auch die signifikante Anisotropie der thermischen Ausdehnung für diesen Lagenaufbau.

Tab. 11.1: Experimentelle und vorausgesagte thermische Ausdehnungskoeffizienten für ein [0, ±60, 0]$_S$-Kohlenstoffaser/Epoxidharz-(IM6/3501-6)-Laminat

	Experimentell	Vorausgesagt
α_x [10^{-6} °C^{-1}]	1,97 (H)*	1,68
	2,04 (C)*	
α_y [10^{-6} °C^{-1}]	3,15 (H)*	3,94
	3,41 (C)*	

*Symbole H und C benennen jeweils Erwärmung und Abkühlung

12 Festigkeit gekerbter Laminate

Experimente haben gezeigt, daß die Festigkeit von Verbundlaminaten mit Löchern oder Kerben signifikant reduziert sind. Wegen des komplexen Bruchprozesses gekerbter Laminate sind die entwickelten Methoden zur Festigkeitsvorhersage halbempirisch. In diesem Kapitel wird ein von Pipes et al. [PIP 79] entwickeltes Festigkeitsmodell wiedergegeben. Dieses Modell ist im wesentlichen eine Weiterentwicklung des von Whitney und Nuismer [WHI 74] entwickelten "Point Stress Criterion" (PSC, Punktspannungskriterium). Wie in Kap. 2.4 diskutiert, ist ein in durchbohrten Laminatverbunden beobachtetes Ergebnis, daß größere Löcher zu größeren Festigkeitsverlusten führen als kleine Löcher, auch wenn der Spannungskonzentrationsfaktor unabhängig von der Lochgröße ist. Fig. 12.1 zeigt nocheinmal (Kap. 2) die Normalspannungsverteilung vor dem Lochrand für isotrope Platten. Das Gebiet mit hohen Spannungen ist für Platten mit kleineren Löchern mehr lokalisiert, was zu einer größeren Möglichkeit der Spannungsumverteilung führt. Das PSC [WHI 74] beinhaltet dieses Ergebnis in einem berechenbaren einfachen Bruchkriterium, in dem Versagen dann angenommen wird, wenn die Normalspannung (σ_y) in einem bestimmten Abstand (d_0) vor dem Lochrand die Zugfestigkeit des ungekerbten Materials erreicht:

$$\sigma_y (R + d_0, 0) = \sigma_0 \qquad (12.1)$$

Die genäherte Normalspannungsverteilung vor dem Lochrand ($x \geq R$) für eine Platte mit unendlichen Abmessungen wird durch Gl. (2.54) ausgedrückt:

$$\frac{\sigma_y(x,0)}{\sigma_y^\infty} = \frac{1}{2}\left[2 + \left(\frac{R}{x}\right)^2 + 3\left(\frac{R}{x}\right)^4 - (K_T^\infty - 3)\left(5\left(\frac{R}{x}\right)^6 - 7\left(\frac{R}{x}\right)^8\right)\right] \qquad (12.2)$$

wobei σ_y^∞ die auferlegte Fernfeldspannung, R der Lochradius und K_T^∞ der Spannungskonzentrationsfaktor für eine unendliche Platte, gegeben durch Gl. (2.53), ist:

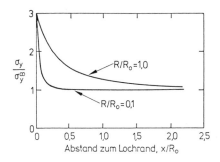

Fig. 12.1: Normalspannungsverteilung vor dem Lochrand für eine isotrope Platte [WHI 74]

$$K_T^\infty = 1 + \sqrt{2\left(\sqrt{E_y/E_x} - \upsilon_{xy} + E_y/(2G_{xy})\right)} \qquad (12.3)$$

Beachte, daß die x-Achse hier transversal und die y-Achse parallel zur Belastungsrichtung orientiert ist.

Einsetzen der Gl. (12.2) in das PSC, Gl. (12.1), ergibt einen Ausdruck für die Festigkeit gekerbter unendlicher Platten. Es ist gebräuchlich die Festigkeit gekerbter Platten (σ_N^∞) auf die Festigkeit ungekerbter Platten (σ_0) zu beziehen, um eine dimensionslose Größe zu erhalten. Gl. (12.1) und (12.2) ergeben:

$$\sigma_N^\infty/\sigma_0 = 2 / [2 + \xi^2 + 3\xi^4 - (K_T^\infty - 3)(5\xi^6 - 7\xi^8)] \qquad (12.4)$$

wobei:

$$\xi = R/(R + d_0) \qquad (12.5)$$

Beachte, daß für sehr große Löcher d_0 im Vergleich zu R klein wird und vernachlässigt werden kann:

$$\sigma_N^\infty/\sigma_0 = 1/K_T^\infty \qquad (12.6)$$

Darum ist das Festigkeitsverhältnis für ein großes Loch durch den inversen Spannungskonzentrationsfaktor gegeben. Weiterhin ist ein kerbunempfindliches Laminat durch ein großes d_0 im Vergleich zu R charakterisiert. In diesem Fall ist $\xi \approx 0$ (in Gl. (12.5)) und $\sigma_N^\infty/\sigma_0 \approx 1$ (Gl. (12.4)).

12 Festigkeit gekerbter Laminate

Das PSC enthält zwei Parameter (d_0, σ_0), die durch das Experiment bestimmt werden müssen. Ist d_0 und σ_0 festgelegt, erlaubt das Modell die Festigkeitsvoraussage von Laminaten mit jeder Kerbgröße. Vorausgegangene Untersuchungen, insbesondere [PIP 79], zeigen, daß dieses Kriterium gute Übereinstimmung mit dem Experiment ergibt, aber generell die charakteristische Länge d_0 eine Funktion des Lochradius ist [PIP 79, ARO 84]. Um die Lochgrößenabhängigkeit von d_0 zu berücksichtigen, schlug Pipes et al. [PIP 79] ein drei-Parameter-Superpositionsmodell (PWG) vor, in dem die charakteristische Länge eine Funktion des Lochradius ist:

$$d_0 = (R/R_0)^m / C \tag{12.7}$$

wobei m ein "exponentieller Parameter", R_0 der Referenzradius und C der "Kerbempfindlichkeitsfaktor" ist. Als Essenz wird durch dieses Modell ein Parameter, der exponentielle Parameter, dem PSC hinzugefügt.

Einsetzen in das PSC, Gl. (12.4), ergibt:

$$\sigma_N^\infty / \sigma_0 = 2 / [2 + \lambda^2 + 3\lambda^4 - (K_T^\infty - 3)(5\lambda^6 - 7\lambda^8)] \tag{12.8}$$

wobei:

$$\lambda = 1 / (1 + R^{m-1} R_0^{-m} C^{-1}) \tag{12.9}$$

Der Referenzradius kann frei gewählt werden, wie $R_0 = 1$ mm. Dann ist:

$$\lambda = 1 / (1 + R^{m-1} C^{-1}) \tag{12.10}$$

Fig. 12.2 und 12.3 zeigen Kurven der nach Gl. (12.8) berechneten Festigkeit $\sigma_N^\infty / \sigma_0$ über log R für verschiedene Werte der Parameter m und C. Fig. 12.2 zeigt, daß der exponentielle Parameter die Steigung der Kerbempfindlichkeitskurve beeinflußt, während Fig. 12.3 zeigt, daß der Kerbempfindlichkeitsfaktor die Kurve entlang der log R-Achse verschiebt ohne die Kurvenform zu beeinflussen. Der zulässige Bereich für den exponentiellen Parameter ist $0 \leq m \leq 1$ und für den Kerbempfindlichkeitsfaktor $C \geq 0$.

Ein kerbempfindliches Laminat ist durch ein großes d_0 im Vergleich zu R charakterisiert. In den Werten für m und C ausgedrückt, heißt das nach Gl. (12.7) ein großer m-Wert und ein kleiner C-Wert.

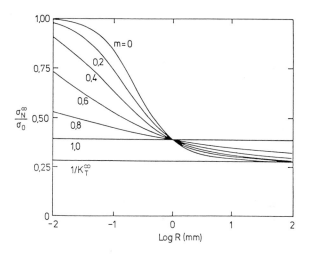

Fig. 12.2: Einfluß des exponentiellen Parameters auf die Kerbfestigkeit ($C = 10,0$ mm^{-1}) [PIP 79]

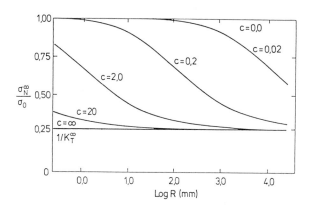

Fig. 12.3: Einfluß des Kerbempfindlichkeitsfaktors auf die Kerbfestigkeit ($m = 0,5$; C in [1/mm]) [PIP 79]

12.1 Superposition der Festigkeit

Die Festigkeitswerte gekerbter Platten können verschiedene m und C-Werte repräsentieren. Für diese erlaubt das PWG-Modell [PIP 79] bei Laminatkonfigurationen mit dem gleichen Spannungskonzentrationsfaktor (K_T^∞) eine Superposition zu einer Stammkurve, die durch nur einen m* und C*-Wert charakterisiert ist. Diese Technik kann genutzt werden, um die relative Kerbempfindlichkeit für unterschiedlichen Lagenaufbau mit dem gleichen Spannungskonzentrationsfaktor zu definieren.

Fig. 12.4 illustriert den Einfluß des Lagenaufbaus auf die Festigkeit gekerbter Platten für zwei quasiisotrope Kohlenstoffaser/ Epoxidharz-Laminate. Das [90, 0, ±45]$_S$-Laminat, charakterisiert durch m = 0,4 und C = 1,65 resultiert in höherer Kerbempfindlichkeit als das [±45, 0, 90]$_S$-Laminat mit m = 0,475 und C = 1,37. Um die relative Kerbempfindlichkeit zu definieren, wird das Superpositionsverfahren beschrieben. Wie in Fig. 12.5 aufgezeigt, kann die durch m = 0,40 und C = 1,65 definierte Kurve mit der durch m = 0,475 und C = 1,37 definierten Kurve bei jedem gegebenen Radius R* durch verschieben um einen Betrag log a_{cm} auf der log R-Achse zusammengebracht werden.

Mit den Symbolen in Fig. 12.5 und Gl. (12.8) bedingt die Superposition, daß:

$$(R^*)^{m^*-1} (C^*)^{-1} = R^{m-1} C^{-1} \tag{12.11}$$

Dies ergibt:

$$R^* = (C^*/C)^\alpha R^\beta \tag{12.12}$$

wobei:

$$\alpha = 1/(m^* - 1) \tag{12.13}$$

$$\beta = (m - 1)/(m^* - 1) \tag{12.14}$$

Der Betrag der Radiusverschiebung (a_{cm}) (Fig. 12.5) ist durch:

$$R^* = a_{cm} R \tag{12.15}$$

gegeben, wobei:

12.1 Superposition der Festigkeit

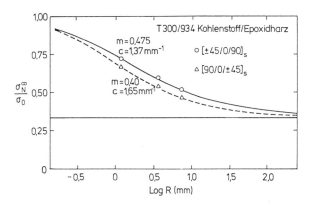

Fig. 12.4: Festigkeitswerte gekerbter Platten für ein [±45, 0, 90]$_S$- und ein [90, 0, ±45]$_S$-Kohlenstoffaser/Epoxidharz-Laminat [PIP 79]

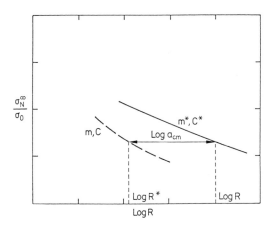

Fig. 12.5: Illustration des Superpositionsprinzips

12 Festigkeit gekerbter Laminate

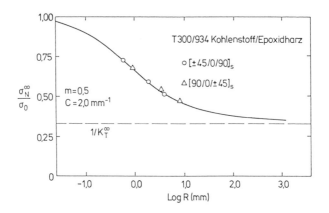

Fig. 12.6: Stammkurve für Kohlenstoffaser/Epoxidharz [PIP 79]

$$a_{cm} = (C^*/C)^\alpha R^{\beta-1} \qquad (12.16)$$

oder:

$$\log a_{cm} = \alpha (\log C^* - \log C) + (\beta-1) \log R \qquad (12.17)$$

Durch dieses Verfahren kann eine Kurve (m, C) mit einer Kurve (m*, C*) bei einem gegebenen Wert von σ_N^∞/σ_0 zusammengebracht werden. Alle Kerbfestigkeitswerte, die durch m und C charakterisiert sind, können daher als eine Stammkurve, definiert durch jeweils einen Wert m* und C*, aufgezeichnet werden. Fig. 12.6 zeigt die Daten aus Fig. 12.4 durch die Superpositionsmethode verschoben und zu einer Stammkurve für das [±45, 0, 90]$_S$ und [90, 0, ±45]$_S$-Laminat mit gebräuchlichen Werten von m und C (m = 0,5, C = 2,0) zusammengefaßt.

12.2 Relative Kerbempfindlichkeit

Ein relativer Kerbempfindlichkeitsfaktor (γ) kann als Betrag der benötigten Verschiebung, die einen gegebenen, durch m und C bestimmten Datensatz zur Deckung mit einer Referenzkerbempfindlichkeitskurve, bestimmt durch m* und C* bringt, definiert werden. Eine Kerbunempfindlichkeitskurve ist generell durch ein großes m* und einem kleinen C*, d.h., m* -> 1 und C* -> 0 (Fig. 12.2, 12.3), definiert. Ein Problem ist, daß für eine Referenz zu diesen Werten kein entsprechender, limitierender log a_{cm}-Wert in Gl. (12.17) existiert. Basierend auf vorheriger Erfahrung (Fig. 12.4) kann jedoch für praktische Anwendung ein kerbunempfindliches Material oder Laminat durch m* = 0,9 und C* = 0,1 definiert werden. Mit GL. (12.17) ergeben diese Werte:

$$\log a_{cm} = 20 + 10 \log C + (9 - 10 \, m) \log R \qquad (12.18)$$

Wenn weiterhin der Referenzradius zu log R = 1,0 gewählt wird, ist der relative Kerbempfindlichkeitsparameter (γ):

$$\gamma = 29 + 10 \, (\log C - m) \qquad (12.19)$$

Dieser etwas willkürlich definierte Parameter kann deshalb benutzt werden, um die Kerbempfindlichkeit eines gegebenen Laminataufbaus zu beurteilen. Große γ-Werte zeigen eine große Kerbempfindlichkeit an. Für die Laminate in Fig. 12.4 ergeben sich die folgenden relativen Kerbempfindlichkeitsfaktoren:

γ = 25,6   für   [±45, 0, 90]$_S$

γ = 27,2   für   [90, 0, ±45]$_S$

Darum ist der [90, 0, ±45]$_S$-Aufbau in Übereinstimmung mit der Diskussion in Kapitel 12.1 mehr kerbempfindlich.

12.3 Vorbereitung der Proben

Um die Kerbempfindlichkeit eines gegebenen Laminataufbaus zu bestimmen, werden Zugproben mit Aufleimer mit den in Kapitel 5 (Tab. 5.1, Fig. 5.1) angegebenen Dimensionen hergestellt. Es wird empfohlen, soweit es möglich ist, breitere Proben als 25,4 mm zu verwenden, damit ein größerer Bereich von Lochdurchmesser gewählt werden kann. Messe die Querschnittsdimensionen (Mittel aus 6 Messungen) und überprüfe die Parallelität der Ränder und der Aufleimeroberflächen. Teile die Proben in Gruppen für jeden Lochdurchmesser und behalte eine Probengruppe ohne Loch, um die ungekerbte Festigkeit (σ_0) zu bestimmen. Es sollten drei Proben für jede Gruppe vorgesehen und drei Lochdurchmesser untersucht werden, z.B.: D = 3, 5 und 7 mm.

Um die Löcher zu bohren, spanne die Proben wie in Fig. 12.7 gezeigt in eine Halterung ein. Positioniere den Bohrer innerhalb ±0,2 mm in der Mitte der Probe. Benutze einen wassergekühlten Hochgeschwindigkeitsdiamantbohrer (ungefähr 2000 U/min) [STA] zum Bohren der Löcher. Während des Bohrens sollte darauf geachtet werden, keine Delaminationen auf der Rückseite der Proben zu verursachen. Prüfe die Qualität der Löcher und messe auf beiden Seiten die Abstände zum Probenrand, um die Zentrierung der Löcher zu prüfen. Messe auch den Lochdurchmesser.

Fig. 12.7: Durchführung der Bohrung

12.4 Zugprüfung

Die Proben sollten in einer gut ausgerichteten und kalibrierten Prüfmaschine montiert werden. Selbstklemmende oder hydraulische Einspannungsbacken sollten benutzt werden. Stelle eine Traversengeschwindigkeit zwischen 0,5 und 1 mm/min ein. Zeichne die Kraft über den Traversenweg mit einem x-t- oder x-y-Schreiber auf, um die maximale Kraft und eventuelles unnormales Kraft-Weg-Verhalten festzustellen. Benutze eine Schutzbrille an der Prüfmaschine. Belaste alle Proben bis zum Versagen. Fig. 12.8 zeigt eine typische ungebrochene und gebrochene Kohlenstoffaser/Epoxidharz-Probe.

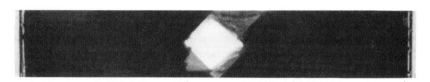

Fig. 12.8: Mit einer Bohrung versehene Kohlenstoffaser/Epoxidharz-Laminatzugprobe vor und nach dem Versagen

12.5 Auswertung und Festigkeitsanalyse

Ein typischer Festigkeitsdatensatz von ungekerbten und gekerbten Proben für ein 25,4 mm breites [0, ±45, 90]$_S$-Kohlenstoffaser/ Epoxidharz-Laminat ist in Tab. 12.1 dargestellt. Da das hier diskutierte Kerbfestigkeitsmodell Platten mit unendlichem Breite-zu-Lochdurchmesser-Verhältnis betrifft, wird zum Vergleich zwischen experimentellen Daten und des Kerbfestigkeitsmodells eine Korrektur für endliche Breite der Probe benötigt. Ein einfacher Weg die Daten zu korrigieren ist, die experimentellen σ_N/σ_0-Werte mit einem Korrekturfaktor (K_T/K_T^∞) zu multiplizieren, wobei K_T der Spannungskonzentrationsfaktor für eine orthotrope Platte mit einer endichen Breite ist:

$$\frac{\sigma_N^\infty}{\sigma_0} = \left(\frac{\sigma_N}{\sigma_0}\right)\left(\frac{K_T}{K_T^\infty}\right) \tag{12.20}$$

Jedoch existiert kein geschlossener Ausdruck für K_T/K_T^∞ und K_T muß durch die "Boundary Collocation"-Methode [OGO 80] oder der Finiten-Elemente-Methode [BAT 82] bestimmt werden. Tab. 12.2 zeigt, durch die Finite-Elemente Methode [GIL] ermittelte Korrekturfaktoren für endliche Breiten als Funktion des Breiten-zu-Lochdurchmesser-Verhältnisses (w/D) für verschiedene Kohlenstoffaser/Epoxidharz-

Laminate. Beachte, daß K_T/K_T^∞ größer als 1 ist, d.h. die Proben mit endlicher Breite zeigen größere Spannungskonzentrationen als Proben mit unendlicher Breite (D/w ≤ 0,1).

Eine gebräuchliche Näherung, die für w/D > 4 gute Werte liefert [GIL], ist die Verwendung eines isotropen Ausdrucks für K_T/K_T^∞ [NUI 75, PET 74]:

$$\frac{K_T}{K_T^\infty} = \frac{2+(1-(D/w))^3}{3(1-(D/w))} \qquad (12.21)$$

Als Illustration werden die Festigkeitsdaten für ein [0, ±45, 90]$_S$-Kohlenstoffaser/Epoxidharz-Laminat (Tab. 12.1) betrachtet. Die nach dem in Gl. (12.21) beschriebenen Verfahren, korrigierten Werte sind in der rechten Spalte von Tab. 12.1 angegeben.

Zur Bestimmung der zu jedem Lochradius gehörenden λ-Werte, kann Gl. (12.8) durch ein numerisches Verfahren wie nach Mullers-Methode [MUL 56] oder Newton-Raphsons-Methode [HOR 75, CON 65] gelöst werden. Aus der Definition von l (Gl. 12.10)) ist zu ersehen, daß nur die Wurzel zwischen 0 und 1 benötigt wird. Tab. 12.3 zeigt λ-Werte, bestimmt nach der Newton-Raphson-Methode.

Um die Parameter m und C zu erhalten, kann Gl. 12.10 wie folgt geschrieben werden:

$$-\ln(1/\lambda - 1) = (1 - m) \ln R + \ln C \qquad (12.22)$$

Tab. 12.1: Festigkeitswerte eines gekerbten [0, ±45, 90]$_S$-Kohlenstoffaser/Epoxidharz-Laminats

Kerbradius [mm]	Festigkeit [MPa]	Korrigierte Festigkeit $(\sigma_N/\sigma_0)(K_T/K_T^\infty)$
0	607 (= σ_0)	1,0
1,6	437	0,73
2,5	376	0,64
3,3	348	0,62

12.5 Auswertung und Festigkeitsanalyse

Tab. 12.2: Korrekturfaktoren zur endlichen Breite von verschiedenen Kohlenstoffaser/Epoxidharz-(AS4/3501-6)-Aufbaus [GIL], E_1 = 125 GPa, E_2 = 9,9 GPa, v_{12} = 0,28, G_{12} = 5,5 GPa

Aufbau	K_T^∞*	\multicolumn{6}{c}{K_T/K_T^∞}
		w/D = 2	3	4	6	8	10
$[0, \pm 45, 90]_S$	3,00	1,4340	1,1495	1,0736	1,0260	1,0107	1,0037
$[0_2, \pm 45]_S$	3,48	1,3725	1,1291	1,0632	1,0216	1,0093	1,0031
$[0_4, \pm 45]_S$	4,07	1,3226	1,1109	1,0577	1,0172	1,0095	1,0041
$[0_6, \pm 45]_S$	4,44	1,2992	1,1006	1,0472	1,0152	1,0102	1,0051
$[\pm 45]_S$	2,06	1,6425	1,2379	1,1215	1,0442	1,0180	1,0062

*Bestimmt mit Gl. (12.3)

Durch auftragen von -ln (1/λ - 1) über ln R kann die Steigung und der Achsenabschnitt bei ln R = 0 durch einen Geradenfit erhalten werden. Die Steigung ist gleich 1 - m und der Achsenabschnitt ist gleich ln C. Fig. 12.9 zeigt für die Daten aus Tab. 12.3 -ln (1/λ - 1) gegen ln R aufgetragen.

Als Illustration der Güte des Fits für die Parameter m und C ist die theoretische Kurve von σ_N^∞/σ_0 gegen log R zusammen mit den experimentellen Werten in Fig. 12.10 aufgetragen. Innerhalb des Bereichs der experimentellen Daten wird exzellente Übereinstimmung erreicht.

Die relative Kerbempfindlichkeit für die Laminate, berechnet nach Gl. (12.19) ist γ = 26,0. Dieses Laminat hat deshalb eine mittlere Kerbempfindlichkeit im Vergleich zu denen in Kap. 12.2 diskutierten (γ = 25,6 und 27,2)

Tab. 12.3: Durch die Newton-Raphson-Methode bestimmte λ–Werte

R [mm]	σ_N^∞/σ_0	λ
1,6	0,73	0,5998
2,5	0,64	0,6867
3,3	0,62	0,7052

122 12 Festigkeit gekerbter Laminate

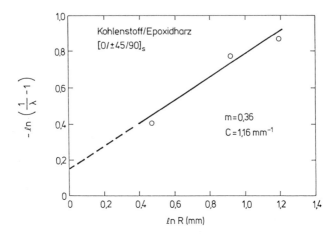

Fig. 12.9: Bestimmung der Parameter m und C für ein [0, ±45, 90]$_S$-Kohlenstoffaser/Epoxidharz-Laminat

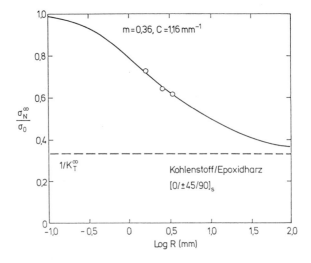

Fig. 12.10: Theoretische und experimentelle Kerbempfindlichkeit für ein [0, ±45, 90]$_S$-Kohlenstoffaser/Epoxidharz-Laminat

13 Charakterisierung des interlaminaren Bruchs

Die interlaminare Bruchform hat beträchtliche Aufmerksamkeit seit den frühen 70-iger Jahren erweckt [PIP 70]. Mit der Einführung von laminierten Verbundwerkstoffen als Strukturbauteile, die Betriebsbelastungen unterworfen sind, wurde es deutlich, daß die Delaminationsversagensform ein hauptlebensdauerbestimmender Versagensprozeß sein kann [WIL 80]. Folglich wurden zur Messung der statischen interlaminaren Bruchzähigkeit wie auch der Rißfortpflanzung während zyklischer Belastung viele neue Prüfverfahren erdacht. Die meisten dieser Tests sind auf unidirektionale Laminate, in denen der Riß zwischen zwei Lagen entlang der Faserrichtung wächst, begrenzt. Bei multidirektionalen Laminaten kann der Riß die Tendenz haben, sich in die benachbarten Lagen zu verzweigen. Dies ist entgegen der in der Bruchanalyse getroffenen Annahme von eben verlaufenden Rissen [WIL 80]. Auch können beträchtliche Randeffekte für multidirektionale Laminate auftreten.

In diesem Kapitel wird die Bruchanalyse, Prüfung und Auswertung für fünf heute gebräuchliche interlaminare Bruchtests: dem "Double Cantilever Beam" (DCB) Test (Modus I), dem "End Notched Flexure" (ENF) Test (Modus II), dem "Cracked Lap Shear" (CLS) Test (Modus I und Modus II gemischt), dem "Arcan" Test (Modus I und Modus II gemischt) und dem "Edge Delamination Test" (EDT) (Modus I und Modus II gemischt) beschrieben. Die Probengeometrie, Analyseverfahren und Auswertemethoden werden zuerst dargestellt. Laminatherstellungsverfahren und -präparation der verschiedenen Testproben sind in Kapitel 13.6 und 13.7 beschrieben.

13.1 Analyse der DCB-Probe

Die "Double Cantilever Beam" (DCB)-Probe für das Testen von Brüchen in Modus I und das Prinzip sind in Fig. 13.1 gezeigt. Diese Probengeometrie wurde ursprünglich für Untersuchungen der Bruchmechanik von Klebungen entwickelt [AND 77]. Wegen der Ähnlichkeit zwischen dem Ablöseprozeß von geklebten Metallen und

13 Charakterisierung des interlaminaren Bruchs

dem Delaminationsprozeß in Verbunden, entwickelten sowie nutzten Bascom et al. [BAS 80] und Wilkins et al. [WIL 80] DCB-Proben für Verbundwerkstoffe.

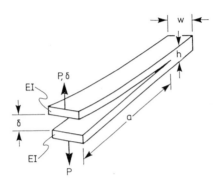

Fig. 13.1: DCB-Probe

Die von Wilkins et al. [WIL 80] entwickelte Probe mit parallelen Seiten ist weiter verbreitet als die spitz zulaufende Probe von Bascom et al. [BAS 80]. Für die hier beschriebenen Prüf- und Auswerteverfahren wird die Probengeometrie mit parallelen Seiten von Wilkins et al. [WIL 80] betrachtet.

Mit Hilfe der elastischen Balkentheorie erhält man die Nachgiebigkeit (C) der DCB-Probe durch:

$$C = 2 a^3 / (3 \, EI) \tag{13.1}$$

wobei a die Rißlänge und EI die Biegesteifigkeit jedes Balkens der Probe ist (Fig. 13.1). Die Energiefreisetzungsrate in ebener Dehnung (G_I) kann durch Gl. (2.48) und (2.49) erhalten werden:

$$G_I = \frac{P^2}{2w} \frac{dC}{da} \tag{13.2}$$

wobei P die aufgewendete Kraft und w die Breite der Probe ist.

Gl. (13.1) und (13.2) ergeben:

$$G_I = P^2 a^2 / (w \, EI) \tag{13.3}$$

13.1 Analyse der DCB-Probe

Kritische Bedingungen treten dann auf, wenn G_I seinen kritischen Wert (G_{Ic}) bei $P = P_c$ erreicht:

$$G_{Ic} = P_c^2\, a^2 / (w\, EI) \qquad (13.4)$$

Fig. 13.2: DCB-Versuchsaufbau

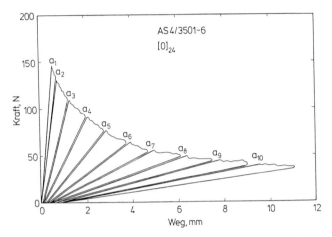

Fig. 13.3: Kraft-Weg-Diagramm für eine DCB-Probe bei verschiedenen Rißlängen

13.1.1 Stabilität des Rißwachstums

Wenn G_{Ic} wirklich konstant ist, muß dG/da für stabiles Rißwachstum kleiner oder gleich null sein:

$$dG/da \leq 0 \tag{13.5}$$

Für die DCB-Probe unter konstanten Kraftbedingungen (s. Kap. 2.4) wird dG_I/da durch Gl. (13.3) erhalten:

$$\frac{dG_I}{da} = \frac{2P^2 a}{w\,EI} \tag{13.6}$$

Diese Größe ist immer positiv, d.h. das Rißwachstum ist instabil.

Im Fall konstanten Weges wird dG_I/da nach Einsetzen von $P = \delta/C$ in Gl. (13.2) und Differentiation erhalten:

$$\frac{dG_I}{da} = \frac{-4\delta^2 a}{C^2 wEI} \tag{13.7}$$

wobei δ die Rißöffnung ist (Fig. 13.1).

Diese Größe ist immer negativ, d.h. das Rißwachstum ist stabil. Experimentell werden die Prüfungen meist unter konstanter Wegbedingung (kontrolliert durch die Öffnung der Einspannung) durchgeführt, was stabiles Rißwachstum gewährleistet.

13.1.2 DCB-Testdurchführung

Die Proben sollten in einer gut ausgerichteten und kalibrierten Prüfmaschine (Fig. 13.2) montiert und getestet werden. Zur Rißlängenmessung wird ein optisches Mikroskop oder ein Meßschieber benötigt. Bestimme die Anfangsrißlänge (a) von der Belastungslinie bis zur Spitze des Startrisses auf beiden Seiten der Probe. Benutze eine Traversengeschwindigkeit von 1-2 mm/min zur Belastung der Probe. Während des Tests sollte gleichzeitig ein analoger Mitschrieb der Kraft gegen Rißöffnung auf einem x-y-Schreiber aufgezeichnet werden. Die Rißöffnung kann durch ein Extensiometer oder ein an die Probe angebrachten Wegaufnehmer, oder dem hinsichtlich der Maschinennachgiebigkeit korrigierten Traversenweg bestimmt werden.

Belaste die Probe bis der Riß ungefähr 10 mm fortgeschritten ist und stoppe die Prüfmaschine. Messe die aktuelle Rißlänge und entlaste die Probe. Markiere zur späteren Auswertung die Rißlänge auf dem Meßschrieb. Wiederhole dieses Verfahren bis die Rißlänge ungefähr 150 mm beträgt. Fig. 13.3 zeigt ein typisches Ergebnis für eine $[0]_{24}$-DCB-Probe.

13.1.3 DCB-Auswertung

Die kritische Energiefreisetzungsrate in ebener Dehnung (G_{Ic}) wird aus der Nachgiebigkeit, den Werten der kritischen Kraft und Rißlänge in Verbindung mit dem Ergebnis der Balkentheorie (s. Kap. 13.1) berechnet [WIL 80]. Bestimme die Nachgiebigkeit (C = δ/P) für jede Rißlänge durch den Anstiegsabschnitt jeder Kraft-Weg-Kurve. Trage C gegen a wie in Fig. 13.4 gezeigt in doppellogarithmischer Form auf. Lege durch lineare Regression oder Hand eine Gerade mit einer Steigung gleich 3 für Rißlängen größer als ungefähr 25 mm an die

128 13 Charakterisierung des interlaminaren Bruchs

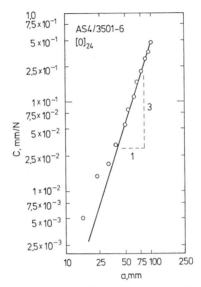

Fig. 13.4: Nachgiebigkeit gegen Rißlänge für eine DCB-Probe

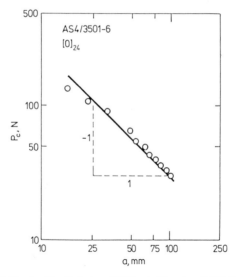

Fig. 13.5: Kritische Kraft gegen Rißlänge für eine DCB-Probe

13.1 Analyse der DCB-Probe

Meßpunkte. Extrapoliere die Gerade zur Rißlänge a = 1 mm. Der Wert für die Nachgiebigkeit bei a = 1 mm ist gemäß Gl. (13.1) die Konstante 2/(3EI).

Als nächstes bestimme die kritischen Kräfte (P_c) für die unterschiedlichen Rißlängen in dem Kraft-Weg-Diagramm (Fig. 13.3). Trage die Werte wie in Fig 13.5 in doppellogarithmischer Form auf. Lege eine Gerade mit der Steigung -1 an die Meßwerte und extrapoliere die Gerade auf a = 1 mm. Der kritische Kraftwert bei a = 1 mm ist gemäß Gl. (13.4) die Konstante (w EI G_{Ic})$^{1/2}$. Durch Fig. 13.4 und 13.5 wurden zwei Konstante, A_1 und A_2 bestimmt:

$$A_1 = 2/(3EI) \tag{13.8}$$

$$A_2 = \sqrt{wEI\, G_{Ic}} \tag{13.9}$$

Die kritische Energiefreisetzungsrate (G_{Ic}) wird durch Kombinierung der Gl. (13.8) und (13.9) erhalten:

$$G_{Ic} = 3\, A_1\, A_2^2 / (2w) \tag{13.10}$$

Praktischer als das Extrapolieren zu a = 1 mm ist das Interpolieren der Werte zu a = 100 mm. Dies ergibt jeweils C(100) und P_c(100). In diesem Fall ist $A_1 = 10^{-6}$ C(100) und $A_2 = 10^2$ P_c(100). Zum Beispiel ergeben die Werte aus Fig. 13.4 und 13.5 gemäß der hier beschriebenen Nachgiebigkeitsmethode einen G_{Ic}-Wert von 0,19 kJ/m^2.

Eine alternative Methode die Bruchzähigkeit aus den Werten in Fig. 13.3 zu bestimmen, wurde von Whitney et al. [WHI 82] vorgeschlagen. Diese Methode heißt "Area" (Flächen)-Methode, durch die G_{Ic} direkt berechnet wird. Die kritische Energiefreisetzungsrate kann durch eine Belastungs-Entlastungs-Kurve gemäß Fig. 13.6 bestimmt werden. Durch Gl. (2.40) in Kapitel 2.4, der Definition der Energiefreisetzungsrate in ebener Dehnung, kann G_{Ic} durch:

$$G_{Ic} = \frac{\Delta A}{w(a_2 - a_1)} \tag{13.11}$$

erhalten werden, wobei ΔA die eingeschlossene Fläche (Fig. 13.6) und $a_2 - a_1$ die Rißverlängerung ist.

130 13 Charakterisierung des interlaminaren Bruchs

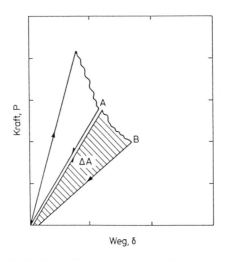

Fig. 13.6: Area-Methode zur Bestimmung von G_{Ic}

Für linear elastisches Verhalten und dem Fall wo die Entlastungskurve in den Ursprung zurück geht sowie die Kraft-Weg-Kurve während des Rißwachstums durch eine Gerade angenähert werden kann, wird G_{Ic} wie folgt berechnet [WHI 82]:

$$G_{Ic} = \frac{P_A \delta_B - P_B \delta_A}{2w(a_2 - a_1)} \qquad (13.12)$$

wobei P_A und δ_A jeweils die Kraft und Rißöffnung am Punkt A in Fig. 13.6 und P_B, δ_B die entsprechenden Größen am Punkt B sind. Ein Mittelwert für G_{Ic} wird durch die gesamte Serie der Belastungs- und Entlastungskurven in Fig. 13.3 erhalten.

Die "Area"-Methode wurde auf die in Fig. 13.3 dargestellten Ergebnisse angewendet. Der Mittelwert für G_{Ic} wurde zu 0,21 kJ/m² bestimmt. Dieser Wert ist um einiges größer als der durch die Nachgiebigkeitsmethode bestimmte Wert (G_{Ic} = 0,19 kJ/m²). Ähnliche Unterschiede zwischen den Methoden wurden von Whitney et al. [WHI 82] gefunden. Der Unterschied zwischen den Methoden kann durch geringe Unlinearitäten im Kraft-Weg-Diagramm und Schwierig-keiten bei der genauen Wegbestimmung am Anfang des Rißwachstums entstanden sein.

13.2 Analyse der ENF-Probe

Die "End Notched Flexure" (ENF)-Probe und das Testprinzip ist in Fig. 13.7 dargestellt. Der Zweck dieser Probe ist die Bestimmung der kritischen Energiefreisetzungsrate in ebener Dehnung unter Modus II-Belastung [RUS 85]. Diese Probe ermöglicht Scherbelastung an der Rißspitze ohne, daß große Reibung zwischen den Rißoberflächen auftritt.

Durch die elastische Balkentheorie kann eine Beziehung für die Energiefreisetzungsrate in ebener Dehnung erhalten werden [RUS 85]:

$$G_{II} = \frac{9P^2Ca^2}{2w(2L^3+3a^3)} \tag{13.13}$$

wobei P die aufgewendete Kraft, C die Nachgiebigkeit, a die Rißlänge, w die Breite der Probe und L der Abstand zwischen dem mittleren und äußeren Belastungspunkten ist (Fig. 13.7).

Die Nachgiebigkeit kann durch folgende Gleichung, basierend auf der Balkentheorie berechnet werden:

$$C = \frac{2L^3+3a^3}{8Ewh^3} \tag{13.14}$$

wobei E der Biegemodul in axialer Richtung und h die halbe Höhe des Balkens ist. Es wird aber empfohlen, die Nachgiebigkeit experimentell zu bestimmen.

In der Herleitung von Gl. (13.13) und (13.14) wurden Deformationen durch die Wirkung der interlaminaren Scherspannung und der Einfluß der Reibung zwischen den Rißoberflächen vernachlässigt. Diese Effekte können die Ergebnisse, wie von Carlsson et al. [CAR 86] und Gillespie et al. [GIL 86] gezeigt wurde, in einigen Fällen beeinflussen. Die lokalisierte hohe Scherspannung und -dehnung in der Nähe der Rißfront, scheint besonders hohen Einfluß auf die Berechnung der Energiefreisetzungsrate zu haben [GIL 86]. Jedoch ist der Balkentheorieausdruck (Gl. (13.13)) als konservative Abschätzung zufriedenstellend.

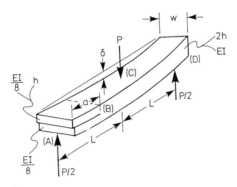

Fig. 13.7: ENF-Probe

13.2.1 Stabilität des Rißwachstums

Die Rißwachstumsstabilität kann durch das Vorzeichen von dG_{II}/da analog zur Behandlung der DCB-Probe (Kap. 13.1.1) entschieden werden [CAR 86].

Im Fall von konstanten Kraftbedingungen ergibt Gl. (13.13) und (13.14):

$$\frac{dG_{II}}{da} = \frac{9aP^2}{8Ew^2h^3} \qquad (13.15)$$

Diese Größe ist positiv, d.h. die Rißausbreitung ist instabil.

Im Fall von konstanten Wegbedingungen ergibt Gl. (13.13) und (13.14):

$$\frac{dG_{II}}{da} = \frac{9\delta^2 a}{8Ew^2h^3C}\left[1 - \frac{9a^3}{(2L^3+3a^3)}\right] \qquad (13.16)$$

Für stabiles Rißwachstum muß dG_{II}/da kleiner oder gleich null sein. Dies ergibt:

$$a \geq L / 3^{1/3} \approx 0{,}7\ L \qquad (13.17)$$

Deshalb ist für die gebräuchliche Anfangsrißlänge a ≈ L/2 die Rißausbreitung auch unter konstanten Wegbedingungen instabil.

13.2.2 ENF-Testdurchführung

Eine Dreipunkt-Biege-Vorrichtung mit einem Abstand der äußeren Belastungspunkte von 100 mm (Fig. 13.8) sollte in einer gut ausgerichteten und kalibrierten Prüfmaschine (Fig. 13.9) montiert werden. Der Riß sollte, um einen natürlichen Anfangsriß zu erhalten, vorsichtig mit einem Keil geöffnet und um ungefähr 2 mm vor der eingelegten Folie verlängert werden. Dann wird die Probe so in die Belastungsvorrichtung platziert, daß die Anfangsrißlänge ungefähr 25 mm beträgt (Fig. 13.8). Die Traversengeschwindigkeit sollte ungefähr 0,5 mm/min betragen und der Weg unter dem mittleren Belastungspunkt durch ein Extensiometer oder Wegaufnehmer aufgezeichnet werden. Wenn eine Korrektur für die Maschinennachgiebigkeit durchgeführt wird, kann die Balkennachgiebigkeit durch den Maschinenweg bestimmt werden. In jedem Fall sollte gleichzeitig die Kraft über dem Weg auf einem x-y-Schreiber aufgezeichnet werden. Es wurde beobachtet, daß der Riß generell in instabiler Weise zum mittleren Belastungspunkt wächst (Kap. 13.2.1). Das heißt, daß nur ein G_{IIc}-Wert für jede Probe erhalten wird.

13.2.3 ENF-Auswertung

Fig. 13.10 zeigt ein typisches Kraft-Weg-Diagramm für eine ENF-Probe. Die verwendeten Probenabmessungen sind: L = 50,8 mm, a = 27,9 mm, 2h = 3,5 mm und w = 25,3 mm. Die kritische Kraft ist 762 N und die Probennachgiebigkeit $2,3 \times 10^{-3}$ mm/N. Diese Werte in Gl. (13.13) eingesetzt, ergeben: $G_{IIc} = 0,56$ kJ/m².

Die durch Gl. (13.14) mit E = 140 GPa berechnete Nachgiebigkeit ist: $C = 2,2 \times 10^{-3}$ mm/N. Der geringe Unterschied zwischen der gemessenen und berechneten Nachgiebigkeit kann von Schwankungen in den Materialkennwerten oder Einflüssen der interlaminaren Scher-deformation herrühren [CAR 86].

134 13 Charakterisierung des interlaminaren Bruchs

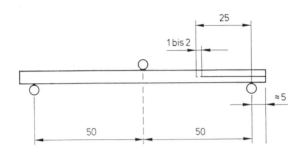

Fig. 13.8: ENF-Probengeometrie und Belastung [mm]

Fig. 13.9: ENF-Versuchsaufbau

13.2 Analyse der ENF-Probe

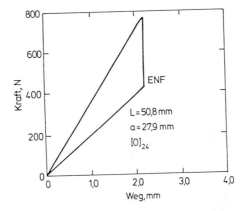

Fig. 13.10: Typische Kraft-Weg-Kurve für eine ENF-Probe aus AS4/3501-6 Kohlenstoffaser/Epoxidharz

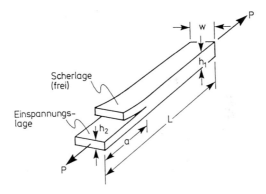

Fig. 13.11: CLS-Probe

Die Anfangsrißlänge (a) kann am Besten durch das Öffnen der Probe in zwei Hälften nach Beendigung des Bruchtests und der Messung des Abstands zwischen dem Ende des Anfangsrisses und dem Eindruck des äußeren Belastungspunkts auf der Probenoberfläche bestimmt werden. In den Fällen, wo die Nachgiebigkeit durch den Maschinen-weg bestimmt wurde, kann es Wichtig sein, eine Korrektur für die Maschinennachgiebigkeit durchzuführen.

13.3 Analyse der CLS-Probe

Die "Crack Lap Shear" (CLS)-Probe wurde von Wilkins et al. [WIL 80] als Modus II-Probe für Verbunde entwickelt (Fig. 13.11). Diese Probe war ursprünglich für Untersuchungen von scherdominierendem Versagen an Klebungen konzipiert worden [AND 77]. Jedoch erhält man mit dieser Probe keine alleinige Modus II-Belastung an der Rißspitze [WIL 80]. Die unausgeglichene Konfiguration der CLS-Probe führt zu einer Normalspannung (Modus I). Darum ist die CLS-Probe eine "mixed-mode" (gemischte Moden) -Probe.

Die durch einfache Materialfestigkeitsanalyse erhaltene Nachgiebigkeit der Probe ist mit der in Fig. 13.11 angegebenen Notation:

$$C = \frac{L}{wEh_1} + \frac{a(h_1-h_2)}{wEh_1h_2} \qquad (13.18)$$

Durch diese Beziehung und Gl. (13.2) erhält man die Energiefreisetzungsrate in ebener Dehnung wie folgt:

$$G = \frac{P^2(h_1-h_2)}{2w^2Eh_1h_2} \qquad (13.19)$$

Kritische Bedingungen treten auf, wenn G bei $P = P_c$, G_c erreicht:

$$P_c = w\sqrt{\frac{Eh_1h_2G_c}{h_1-h_2}} \qquad (13.20)$$

Die kritische Kraft ist hier unabhängig von der Rißlänge.

13.3 Analyse der CLS-Probe

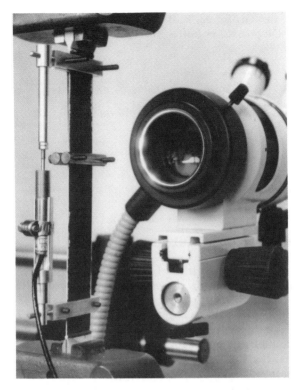

Fig. 13.12: CLS-Versuchsaufbau

13.3.1 Stabilität des Rißwachstums

Im Fall von kontanten Kraftbedingungen ergibt Gl. (13.19):

$$dG/da = 0 \qquad (13.21)$$

Darum ist das Rißwachstum quasistabil.

Im Fall von konstanten Wegbedingungen ist:

$$G = \frac{\delta^2}{2wC^2}\frac{dC}{da} \qquad (13.22)$$

Einführung der Größe $A_3 = (h_1 - h_2)/(wEh_1h_2)$ in Gl. (13.18) und Einsetzen in Gl. (13.22) ergibt:

$$G = \frac{A_3 \delta^2}{2wC^2} \qquad (13.23)$$

Differentiation nach a und Einsetzen von A_3 ergibt:

$$\frac{dG}{da} = \frac{-\delta^2 A_3^2}{wC^3} \qquad (13.24)$$

Diese Größe ist negativ, d.h. das Rißwachstum ist stabil.

13.3.2 CLS-Testdurchführung

Es wird eine gut kalibrierte Prüfmaschine benutzt. Zur Rißlängenmessung wird, da die visuelle Identifizierung der Rißfront schwierig sein kann, ein optisches Mikroskop, einem Präzisionsmeßschieber vorgezogen (Fig. 13.12). Vor dem Testen sollte der Riß mit einem Keil geöffnet und um ungefähr 10 mm verlängert werden, um einen natürlichen Anfangsriß zu erhalten. Bestimme auf beiden Seiten der Probe die Anfangsrißlänge (a) von der Schnittlinie bis zur Anfangsrißspitze. Montiere die Probe in die Einspannung. Stelle eine Traversengeschwindigkeit von ungefähr 0,5 mm/min ein. Gleichzeitig mit dem Test sollte die Kraft über dem Weg analog mit einem x-y-Schreiber aufgezeichnet werden. Der Weg sollte mit einem Extensiometer, Wegaufnehmer oder, wenn Rutschen in den Einspannungen vernachlässigt werden kann und eine Korrektur für die Maschinennachgiebigkeit gemacht wurde, durch den Maschinenweg bestimmt werden.

Belaste die Probe bis auf einer der beiden Seiten sichtbares Delaminationwachstum auftritt. Delaminationsbeginn kann auch durch eine geringe Abweichung in der Kraft-Weg-Kurve beobachtet werden. Die Probe wird dann bis zum Nullpunkt entlastet und die Rißlänge auf beiden Seiten der Probe gemessen. Das geschilderte Verfahren wird dann für einige Rißlängen wiederholt bis ungefähr 150 mm erreicht sind (Fig. 13.13). Markiere die Rißlängen zur späteren Identifizierung in dem Meßschrieb.

13.3 Analyse der CLS-Probe

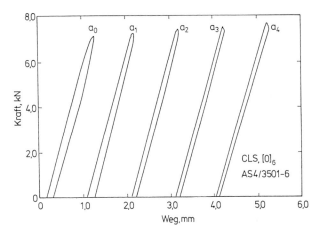

Fig. 13.13: Typische Kraft-Weg-Kurven für eine CLS-Probe
a_0 = 22,9 ; a_1 = 40,6; a_2 = 56,8; a_3 = 72,2; a_4 = 96,1 mm

13.3.3 CLS-Auswertung

Die kritische Energiefreisetzungsrate in ebener Dehnung (G_c) wird aus den Werten der Nachgiebigkeit gegen Rißlänge in Verbindung mit der Analyse in Kapitel 13.3 berechnet [WIL 80]. Bestimme die Nachgiebigkeit für jede Rißlänge (C = δ/P) aus der Belastungskurve im Kraft-Weg-Diagramm. Trage C gegen a in linearer Form wie in Fig. 13.14 gezeigt auf. Die Nachgiebigkeit für die Anfangsrißlänge (a_0) wurde in diesem Diagramm ausgelassen, da Probleme mit der Einspannung den Mitschrieb der ersten Belastungs-Entlastungskurve beeinflußten. Lege eine Gerade an die Meßpunkte und bestimme die Steigung der Nachgiebigkeits-Rißlängen-Geraden:

$$dC / da = A_3 \tag{13.25}$$

Als Nächstes trage die kritische Kraft gegen die Rißlänge wie in Fig. 13.15 gezeigt auf. Bestimme den Mittelwert (P_c) und berechne die kritische Energiefreisetzungsrate (G_c) durch:

$$G_c = P_c^2 A_3 / (2w) \tag{13.26}$$

140 13 Charakterisierung des interlaminaren Bruchs

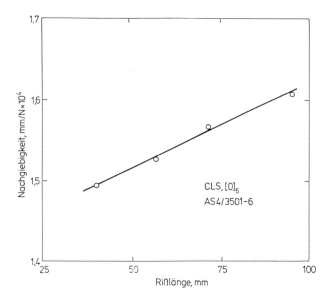

Fig. 13.14:   Nachgiebigkeit gegen Rißlänge für eine CLS-Probe

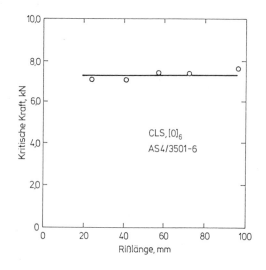

Fig. 13.15:   Kritische Kraft gegen Rißlänge für eine CLS-Probe

Der Mittelwert von G_c aus einer Serie von vier Kohlenstoffaser/ Epoxidharz-CLS-Proben ist: $G_c = 0{,}25 \text{ kJ/m}^2$.

13.3.4 Kommentar zur CLS-Probe

Wie in Kapitel 13.3 angemerkt, enthält G_c (berechnet durch Gl.13.26)) Beiträge von Modus I und Modus II. Eine geometrisch nichtlineare Finite-Elemente-Analyse von Law und Wilkins [LAW 84] einer $[0]_6$-CLS-Probe zeigt, daß die Modus II-Komponente mit der Belastung variiert. Jedoch sind die Änderungen des Modus II-Anteils gering im Vergleich zu den voraussichtlichen Schwankungen in der kritischen Kraft. Für ein typisches Kohlenstoffaser/Epoxidharz-System mit einem $[0]_6$-Lagenaufbau ist der Modus II-Anteil ungefähr 70% [LAW 84]. Der Modus II-Anteil wird verändert, wenn die relative Dicke der Scher- und Einspannungslagen geändert wird [LAW 84].

13.4 Analyse der Arcan-Probe

Die Arcan-Vorrichtung und Probengeometrie wurden von Arcan et al. [ARC 78] mit dem Ziel entwickelt, eine gleichförmige ebene Spannung in dem Testbereich zu erhalten (Fig. 13.16). Wenn die Probe in y-Richtung ($\alpha = 0$) belastet wird, herrscht allein Scherzustand in dem Testbereich (AB). Durch Veränderung des Winkels α wird ein kombinierter Zug- und Scherspannungszustand in dem Testbereich erreicht. Ein Vorteil dieser Probe ist die Wiederverwendbarkeit der Metallvorrichtung. Die Verbundwerkstoffprobe wird an die Metallvorrichtung geklebt und kann nach dem Testen durch erhitzen der Probe und der Vorrichtung über die Glasübergangstemperatur des Klebers abgelöst werden.

Jurf und Pipes [JUR 82] erweiterten den Nutzen der Vorrichtung durch den Austausch der charakteristischen V-gekerbten Arcan-Probe (Fig. 13.16) mit einer einseitig angerissenen Probe (Fig. 13.17). Durch Veränderung des Winkels (α) von 0° auf 90° können Werte für Modus II, "mixed mode" und Modus I gesammelt werden. Der gewählte Belastungswinkel wird durch Montierung der Vorrichtung mit zwei gegenüberliegenden Bohrungen erreicht (Fig.13.17). Für einen

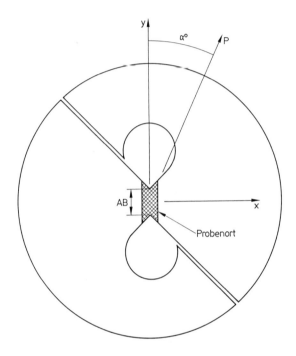

Fig. 13.16: Arcan-Testvorrichtung und Probengeometrie

gegebenen Winkel (α) können die "Fernfeld"-Normal- und Scherspannungen durch:

$$\sigma_\infty = \sigma_A \sin \alpha \tag{13.27}$$

$$\tau_\infty = \sigma_A \cos \alpha \tag{13.28}$$

erhalten werden, wobei die Spannung σ_A als die aufgewendete Kraft P, dividiert durch die Querschnittsfläche (A) der Verbundwerkstoffprobe definiert ist.

Basierend auf den Normal- und Scherspannungskomponenten können die Spannungsintensitätsfaktoren K_I (Modus I) und K_{II} (Modus II) bestimmt werden:

$$K_I = \sigma_\infty \sqrt{\pi a}\, f_I\,(a/c) \tag{13.29}$$

13.4 Analyse der Arcan-Probe

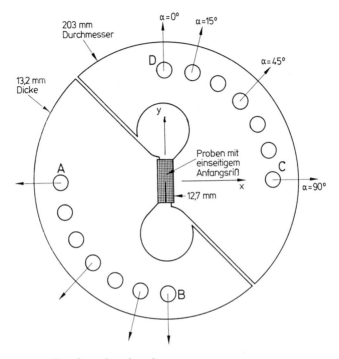

Fig. 13.17: Arcan-Bruchmechanikprobe

$$K_{II} = \tau_\infty \sqrt{\pi a}\, f_{II}(a/c) \tag{13.30}$$

wobei a die Rißlänge und c die Abmessung der Probe entlang des Risses ist. f_I und f_{II} sind in [JUR 82] angegebene Korrekturfaktoren für endliche Rißlängen-zu-Probenlängen-Verhältnisse:

$$f_I(a/c) = 1{,}12 - 0{,}231(a/c) + 10{,}55(a/c)^2 - 21{,}27(a/c)^3 + 30{,}39(a/c)^4 \tag{13.31}$$

$$f_{II}(a/c) = \frac{1{,}122 - 0{,}561(a/c) + 0{,}085(a/c)^2 + 0{,}180(a/c)^3}{[1-(a/c)]^{1/2}} \tag{13.32}$$

Die Komponenten der Energiefreisetzungsrate in ebener Dehnung G_I und G_{II} können wie folgt durch die Spannungsintensitätsfaktoren erhalten werden [SIH 65]:

$$G_I = K_I^2 \left(\frac{S_{11}S_{22}}{2}\right)^{1/2} \left[\left(\frac{S_{22}}{S_{11}}\right)^{1/2} + \frac{2S_{12}+S_{66}}{2S_{11}}\right]^{1/2} \qquad (13.33)$$

$$G_{II} = K_{II}^2 \frac{S_{11}}{\sqrt{2}} \left[\left(\frac{S_{22}}{S_{11}}\right)^{1/2} + \frac{2S_{12}+S_{66}}{2S_{11}}\right]^{1/2} \qquad (13.34)$$

wobei S_{ij} die Elemente der Nachgiebigkeitsmatrix für transvers isotrope Materialien sind (Kap. 2).

Ein Nachteil dieser Probe ist, daß wegen des kleinen Testbereichs nur ein Bruchzähigkeitswert pro Probe erhalten wird. Deshalb ist dieser Test für umfangreiche Untersuchungen weniger nützlich. Weiterhin ist wegen der instabilen Konfiguration das Ankerben schwierig.

13.4.1 Arcan-Testdurchführung

Die Proben sollten in einer gut ausgerichteten und kalibrierten Prüfmaschine getestet werden (Fig. 13.18). Um einen natürlichen Anfangsriß zu erhalten, sollte vor dem Testen der Riß ein wenig verlängert werden. Große Vorsicht ist geboten, um nicht den Riß durch die ganze Probe zu verlängern. Vor dem Montieren der Vorrichtung mit der Probe in die Prüfmaschine sollte die Rißlänge (a) auf beiden Seiten der Probe bestimmt werden. Montiere die Vorrichtung mit Stiften in den Bohrungen der Vorrichtung unter dem gewählten Belastungswinkel (Fig. 13.18). Stelle eine Traversengeschwindigkeit von ungefähr 0,5 mm/min ein. Während des Tests sollte gleichzeitig analog die Kraft über den Weg mit einem x-y-Schreiber aufgezeichnet werden. Belaste die Probe bis zum Bruch und bestimme die kritische Kraft (P_c) für Rißwachstum.

13.4.2 Arcan-Auswertung

Um G_c durch die kritische Kraft (P_c) zu berechnen, werden die Spannungsintensitätsfaktoren K_I und K_{II} durch Gl. (13.29) und (13.30) bestimmt. Einsetzen der Spannungsintensitätsfaktoren mit passenden Nachgiebigkeitselementen in Gl. (13.33) und (13.34) ergibt die Komponenten der Energiefreisetzungsrate in ebener Dehnung am

13.4 Analyse der Arcan-Probe

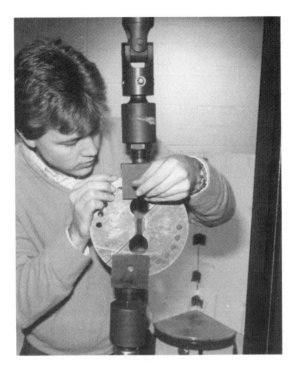

Fig. 13.18: Arcan-Versuchsaufbau

Rißwachstumsbeginn. Um die gesamte Energiefreisetzungsrate (G_c) zu bestimmen, addiere die Komponenten:

$$G_c = G_I + G_{II} \qquad (13.35)$$

Das Auswerteverfahren wird in [JUR 82] für einen Kohlenstoffaser/Epoxidharz-Verbund illustriert. Tabelle 13.1 zeigt Geometrien und typische Werte bei a = 0°, 45° und 90°. Durch Gl. (13.29 - 34) berechnete K_I- und K_{II}-Werte sowie G_I- und G_{II}-Werte sind ebenfalls in Tabelle 13.1 dargestellt.

Tab. 13.1: Typische Arcan-Proben-Daten für AS1/3501 [JUR 82]

Proben-nummer	α deg	c mm	a mm	P_c kN	K_I MPam$^{1/2}$	K_{II} MPam$^{1/2}$	G_I kJ/m^2	G_{II} kJ/m^2
1	0	33,3	15,3	10,3	0	6,6	0	0,91
2	0	32,4	15,1	10,9	0	6,8	0	0,98
3	45	32,8	16,1	0,97	0,99	0,45	0,084	0,004
4	45	32,7	16,1	1,30	1,31	0,59	0,15	0,007
5	90	32,6	16,6	0,70	1,07	0	0,10	0
6	90	32,6	16,0	0,68	1,01	0	0,09	0

13.5 Analyse der EDT-Probe

Der von O'Brien [OBR 80] entwickelte "Edge Delamination Test" (EDT) ist eine Weiterentwicklung des von Pagano und Pipes [PIP 70, PAG 73] entwickelten EDT, um die interlaminare Bruchzähigkeit von Laminatverbunden zu bestimmen. Laminatzugproben wurden so konstruiert, daß sie von den Rändern her delaminieren. Dies wird durch einen Lagenaufbau erreicht, der an den freien Rändern wegen großer Poissonzahlunterschiede zwischen den Lagen im Laminat in hohe interlaminare Normalspannung resultiert [PAG 73, OBR 80]. Fig. 13.19 zeigt die angenommene Delaminationsform für den hier untersuchten Lagenaufbau. Fig. 13.20 zeigt die Geometrie der in diesem Test verwendeten Zugprobe.

Die Anwendung von Konzepten der Bruchmechanik auf diese Probe ist etwas schwierig, da kein Anfangsriß existiert. Jedoch schildert O'Brien [OBR 80] eine genäherte bruchmechanische Analyse, die zur Bestimmung der Bruchzähigkeit bei Delamination benutzt werden kann. Die hier diskutierte Analyse und Experimente betrifft einen [±30, ±30,90, 90]$_S$-Lagenaufbau, für den durch Spannungsanalyse sehr große interlaminare Spannungen an den -30, 90-Oberflächen gefunden wurden [OBR 80]. Deshalb wird angenommen, daß Delaminationen wie in Fig. 13.19 gezeigt unter Zugbelastung des Laminats auftreten.

Die bruchmechanische Analyse basiert auf der axialen Steifigkeitsabnahme in Folge der Delaminationsausbreitung. Wenn Delaminationen über und unter der Mittelebene auf beiden Seiten der

13.5 Analyse der EDT-Probe

Probe unter konstanten Wegbedingungen auftreten, kann die Energiefreisetzungsrate wie folgt bestimmt werden [OBR 80]:

$$G = \varepsilon^2 \, t \, (E_x - E^*) / 2 \qquad (13.36)$$

wobei ε die axiale Dehnung, t die Laminatdicke, E_x der axiale Anfangsmodul des Laminats und E^* der axiale Modul der total delaminierten Probe ist. E^* kann durch die folgende Mischungsregel berechnet werden [OBR 80]:

$$E^* = [8 \, E_x(\pm 30)_2 + 3 \, E_x \, (90)] \, / \, 11 \qquad (13.37)$$

wobei $E_x(\pm 30)_2$ der Modul eines $[\pm 30]_2$-Laminats und $E_x(90)$ der transverse Modul einer Schicht ist. Ähnliche Gleichungen lassen sich für andere Lagenaufbauten herleiten.

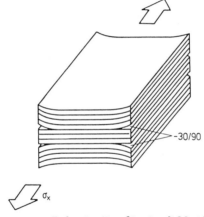

Fig. 13.19: Angenommene Delamination für eine $[\pm 30, \pm 30, 90, 90]_S$-EDT-Probe [OBR 82]

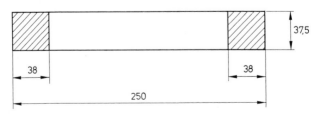

Fig. 13.20: Abmessungen der EDT-Probe in [mm]

Aus Gl. (13.36) wird deutlich, daß die Energiefreisetzungsrate unabhängig von der Delaminationsausdehnung ist. Dies bedingt ein stabiles Rißwachstum unter konstanten Wegbedingungen. Weiterhin enthält G (berechnet nach Gl. (13.35)) Beiträge von unterschiedlichen Moden, wie durch die Ergebnisse der Finiten-Elemente-Berechnung von O'Brien [OBR 80] gezeigt wurde. Die Modus III-Komponente ist aber zu vernachlässigen. Der Modus I-Anteil für diesen Lagenaufbau ist 57% [OBR 82]. Diese Verhältnisse können für andere Materialien und Lagenaufbauten unterschiedlich sein.

13.5.1 EDT-Durchführung

Es sollte eine gut kalibrierte Prüfmaschine benutzt werden. Zur Wegmessung sollte ein Extensiometer oder Wegaufnehmer mit einer langen Meßstrecke (ungefähr 100 mm) an die Probe angebracht werden. Kalibriere das Extensiometer oder den Wegaufnehmer auf eine maximal erwartete Dehnung von 1%. Spanne die Probe ein. Stelle die Traversengeschwindigkeit auf ungefähr 1 mm/min ein. Bringe das Extensiometer oder den Wegaufnehmer an die Probe an und sichere, daß kein Rutschen des Aufnehmers auftreten kann. Eine unabhängige Bestimmung des axialen Young's-Modul wird durch die Verwendung eines an die Probe angebrachten longitudinalen Dehnungsmeßstreifen erreicht.

Während des Tests sollte gleichzeitig die Kraft über den Weg analog mit einem x-y-Schreiber aufgezeichnet werden. Belaste die Probe bis eine Abweichung des linearen Anstiegs der Kurve auftritt, der den Delaminationsbeginn anzeigt (Fig. 13.21). Beobachte ebenfalls die Ränder der Probe, um visuell Delaminationsbeginn festzustellen.

13.5.2 EDT-Auswertung

Bestimme den Modul E_x aus der Anfangssteigung der Kraft-Dehnungs-Kurve in Fig. 13.21:

$$E_x = \Delta P/(\Delta \varepsilon w t) \tag{13.38}$$

13.5 Analyse der EDT-Probe

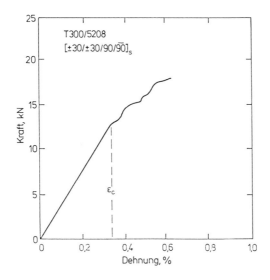

Fig. 13.21: Kraft-Dehnungs-Diagramm für eine EDT-Probe [OBR 82b]

wobei $\Delta P/\Delta \varepsilon$ die Anfangssteigung der Kraft-Dehnungs-Kurve, w die Probenbreite und t die Dicke ist. Bestimme in der Kraft-Dehnungs-Kurve die kritische Dehnung (ε_c) bei der Delamination einsetzt (Fig. 13.21). Berechne den Modul E* für das komplett delaminierte Laminat durch die Kennwerte einer Schicht und Gl. (13.37). Setze die Ergebnisse in Gl. (13.34) ein, um die Bruchzähigkeit (G_c) zu erhalten.

Für ein Kohlenstoffaser/Epoxidharz-Verbund mit folgenden Schichtkennwerten:

E_1 = 138 GPa $\qquad$ E_2 = 15 GPa

ν_{12} = 0,21 $\qquad$ G_{12} = 5,9 GPa

bestimmte O'Brien ε_c zu 0,00347 [OBR 80]. Die Bruchzähigkeit berechnet sich zu einem Wert von 0,14 kJ/m².

13.6 Herstellung der Bruchmechanik-Proben

In diesem Kapitel wird die Herstellung der Testproben beschrieben. Alle Proben, außer der EDT-Probe, enthalten eine doppellagige Folieneinlage als Anfangsriß. Bei duroplastischen Prepregs sollte eine 0,025 mm dicke Teflon-, Kaptonfolie oder Ähnliches verwendet werden [DUP]. Für thermoplstische Prepregs kann es nötig sein, eine 0,1 mm dicke, doppellagige Aluminiumfolie oder eine 0,025 mm dicke Kaptonfolie, wegen der hohen benötigten Verarbeitungs-temperaturen bei diesen Platten, zu benutzen. Fig. 13.22 bis 13.26 zeigen den vorgeschlagenen Aufbau und Geometrie der Platten, Abmessungen und Ort der Folieneinlage zur Erzielung des Anfangsriß. Bei dem Arcan-Aufbau (Fig. 13.25) sollte für duroplastische Prepregs die Einlage unsymmetrisch zwischen Lage 42 und 43 eingelegt werden, um nach der Verarbeitung die ungefähre Mitte des Laminats zu treffen. Für thermoplastische Prepregs sollte die Folie symmetrisch zwischen Lage 47 und 48 eingelegt werden.

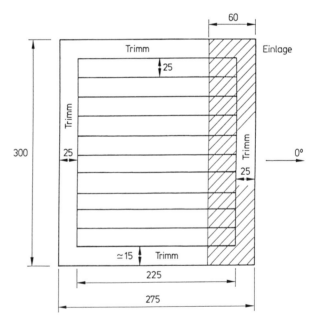

Fig. 13.22: DCB-Proben- und Plattengeometrie sowie Abmessungen in [mm]; $[0]_{24}$-Lagenaufbau mit Startriß zwischen Lage 12 und 13

13.6 Herstellung der Bruchmechanik-Proben

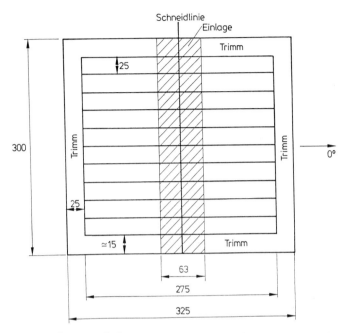

Fig. 13.23: ENF-Proben- und Plattengeometrie sowie Abmessungen in [mm]; $[0]_{24}$-Lagenaufbau mit Startriß zwischen Lage 12 und 13

Nach dem Aufbau der Platten sollten sie nach den Herstellerangaben verarbeitet werden. Wegen der großen Dicke der Arcan-Platte sollte für duroplastische Prepregs eine Druckverteilungsplatte auf den Laminataufbau gelegt werden (Fig. 13.27). Nach der Verarbeitung und zerstörungsfreier Untersuchung der Platten werden die Ränder wie in Fig. 13.22 - 13.26 dargestellt beschnitten (Trimm = Beschnitt). Es wird empfohlen, zuerst die Seitenränder und den oberen Rand zu trimmen. Die DCB-, ENF- und Arcan-Proben, bei denen keine Aufleimer nötig sind, werden die Proben ausgesägt und schließlich der vierte (untere) Rand getrimmt. Für die CLS- und EDT-Proben werden jedoch Aufleimer benötigt, die nach dem in Kapitel 5 beschriebenen Verfahren nach Beschnitt aller vier Ränder auf die Platte montiert und geklebt werden. Fig. 13.28 und 13.20 zeigen die Geometrie der Proben und der Aufleimer jeweils für die CLS- und EDT-Probe. Bei der Vorbereitung der CLS-Probe (Fig. 13.24) werden die Lagen 4-6

152 13 Charakterisierung des interlaminaren Bruchs

(gemessen von der Arbeitsplatte) abgesägt. Besonders große Vorsicht ist geboten, um nicht die Lagen unter dem Schnitt zu beschädigen. Nach aussägen der Proben werden die Ränder weiß angemalt, um den Riß visuell besser beobachten zu können.

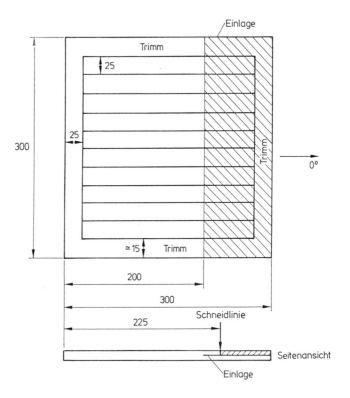

Fig. 13.24: CLS-Proben- und Plattengeometrie sowie Abmessungen in [mm]; $[0]_6$-Lagenaufbau mit Startriß zwischen Lage 3 und 4

13.6 Herstellung der Bruchmechanik-Proben

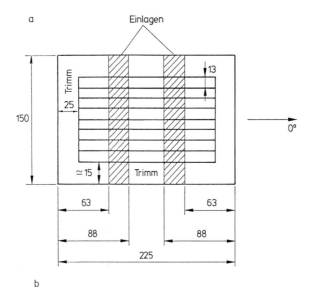

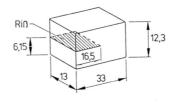

Fig. 13.25: Arcan-Proben- und Plattengeometrie sowie Abmessungen in [mm]; $[0]_{94}$-Lagenaufbau

13 Charakterisierung des interlaminaren Bruchs

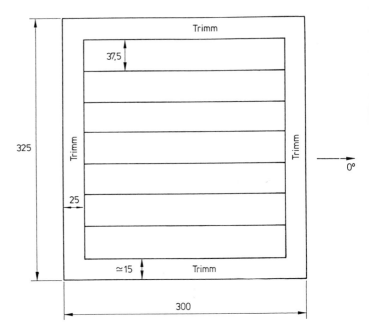

Fig. 13.26: EDT-Proben- und Plattengeometrie sowie Abmessungen in [mm]; [±30, ±30, 90, 90]$_S$-Lagenaufbau

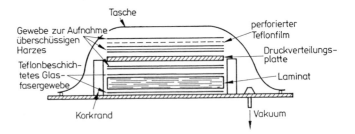

Fig. 13.27: Aufbau zur Herstellung der Arcan-Platte durch das Vakuum-Tasche-Verfahren

13.7 Vorbereitung der Bruchmechanik-Proben   155

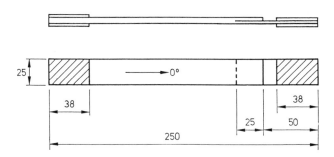

Fig.13.28:   Aufleimerabmessungen für die CLS-Probe

13.7 Vorbereitung der Bruchmechanik-Proben

Nummeriere alle Proben und messe die Dicke sowie Breite der Proben an drei unterschiedlichen Stellen; eine dicht am Ende mit geringem Abstand zum Anfangsriß, eine in der Mitte und eine am anderen Ende der Probe ohne Anfangsriß. Der Faservolumengehalt kann von einer oder mehreren Testproben vor oder nach dem Bruchtest durch dem in Kapitel 4 beschriebenen Verfahren oder, wenn der Porengehalt vernachlässigbar ist, einer genauen Dichtebestimmung ermittelt werden.

13.7.1 DCB-Probenvorbereitung

Zur Belastung werden Scharniere, wie in Fig. 13.29 illustriert, auf jede Probe aufgeklebt. Im Fall von zähen Materialien (Thermoplasten) können die Scharniere auch mechanisch an der Probe befestigt werden, um die Belastbarkeit zu erhöhen. Die Oberfläche des Verbunds sollte im Fall des Aufklebens der Scharniere wie folgt vorbereitet werden:

Scharniervorbereitung:

(a) Schmirgel die Klebeoberfläche mit feinem Sandpapier.

(b) Säubere die Oberfläche durch spülen mit Azeton. Berühre die gesäuberte Oberfläche nicht mehr.

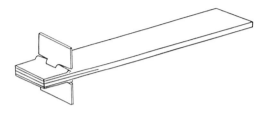

Fig. 13.29: Mit Scharnieren versehene DCB-Probe

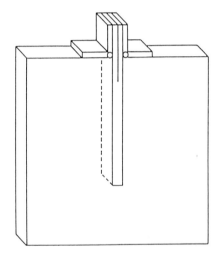

Fig. 13.30: Vorrichtung zur Scharnierausrichtung und Montierung für die DCB-Probe

Verbundoberflächenvorbereitung:

(a) Schmirgel die Klebeoberfläche in ±45°-Richtung mit mittelfeinem Sandpapier.

(b) Wasche die Oberfläche mit Wasser und Seife bis alle losen Kohlenstoffasern entfernt sind.

(c) Säubere die Oberfläche mit einem Tuch und Azeton oder einem anderen entfettenden Lösungsmittel. Berühre die gesäuberte Oberfläche nicht mehr.

Klebung / mechanische Befestigung:

Benutze Aufleimerkleber zum ankleben der Scharniere. Vermeide, daß Kleber in das Scharnier gelangt damit es wie vorgesehen frei rotieren kann. Richte die Scharniere unter Verwendung einer Haltevorrichtung (Fig. 13.30) gut aus. Nach dem Auftragen des Klebers sollten die Scharniere bis zum Aushärten des Klebers eingespannt werden. Vermeide ein Verrutschen der Scharniere wenn der Spanndruck aufgebracht wird.

Wenn die Scharniere mechanisch an die Proben angebracht werden müssen, wird ein Loch mit Gewinde in den Verbund gebohrt. Eine ähnliche Haltevorrichtung wie in Fig. 13.30 kann zum Ausrichten der Scharniere benutzt werden. Smiley [SMI 85] hat gezeigt, daß die auftretende Rißlänge, die in der Auswertung benutzt werden muß, von der Mitte der Schraubenbohrung bis zur Rißspitze gemessen wird. Markiere die Ränder der Proben in 10 mm-Abständen bis 140 mm hinter dem Anfangsriß für die visuelle Rißwachstumsbestimmung.

13.7.2 Arcan-Probenvorbereitung

Die Arcan-Bruchmechanik-Probe besteht aus dem zwischen zwei Aluminiumblöcke geklebten Verbund (Fig. 13.17). Die Probe sollte durch eine der folgenden Techniken auf die korrekte Dicke (Fig. 13.25b) bearbeitet werden: Oberflächenschleifen mit einer Schleifmaschine oder mit Hand auf einer Poliermaschine, wenn nur geringer Abtrag nötig ist. Der Riß sollte in der Mitte der Probe bleiben.

Zum Ankleben der Probe an die Arcan-Hälften sollte eine spezielle Haltevorrichtung konstruiert werden, um die Probe und die Arcan-Hälften vor Verrutschen während des Aushärtens des Klebers zu sichern. Die Haltevorrichtung sollte aus einer Platte mit vier Stiften bestehen, die in die Löcher A-D der Arcan-Hälften (Fig. 13.17) passen. Vor dem Ankleben der Probe an die Arcan-Hälften sollten die Klebeflächen in ±45°-Richtung leicht geschmirgelt und mit Azeton nach dem in Kapitel 13.7.1 für DCB-Proben geschilderten Verfahren gesäubert werden.

Befestige eine der Arcan-Hälften unter Benutzung der Stifte A und B (Fig. 13.17) an die Haltevorrichtung. Befestige die andere Arcan-Hälfte mit Stift D. Trage Kleber, Hysol EA-9309 oder Ähnliches [DEX] auf alle vier Klebeflächen auf. Positioniere die Probe und drehe die Arcan-Hälfte um Stift D bis Stift C eingesetzt werden kann. Die Arcan-Hälften und die Probe sollten horizontal auf die Haltevorrichtung gelegt werden. Es sollte darauf geachtet werden, daß kein überschüssiger Kleber in den Delaminationsriß gelangt. Lasse den Kleber 24 Stunden bei Raumtemperatur oder 1 Stunde bei 125°C aushärten. Nach dem Aushärten sollte die Klebenahtdicke zwischen 0,13 und 0,25 mm liegen. Entferne die Haltevorrichtung vorsichtig nach dem Aushärten und lege die Probe bis zum Testen horizontal auf eine ebene Platte. Große Vorsicht sollte bei der Handhabung der Probe in den Arcan-Hälften geübt werden, um eine vorzeitige Beschädigung der Probe zu verhindern.

Anhang A

Die Matrizes [A'], [B'], [C'] und [D'] können wie folgt bestimmt werden:

$$[A'] = [A^*] - [B^*] [D^*]^{-1} [C^*]$$
$$[B'] = [B^*] [D^*]^{-1}$$
$$[C'] = - [D^*]^{-1} [C^*] \qquad (A.1)$$
$$[D'] = [D^*]^{-1}$$

wobei

$$[A^*] = [A]^{-1}$$
$$[B^*] = - [A]^{-1} [B]$$
$$[C^*] = [B] [A]^{-1} \qquad (A.2)$$
$$[D^*] = [D] - [B] [A]^{-1} [B]$$

ist.

Für symmetrische Laminate ist [B] = [0] und:

$$[A'] = [A]^{-1}$$
$$[B'] = [C'] = [0] \qquad (A.3)$$
$$[D'] = [D]^{-1}$$

Anhang B

Biegeeigenschaften von Stäben mit ungleichem Zug- und Druckmodul

Fig. 7.5 zeigt die axiale Dehnungs- und Spannungsverteilung für einen linear elastischen Stab mit den Moduli E_t in Zug- und E_c in Druckbelastung.

Wegen der gleichen Dreiecke ist:

$$\frac{\varepsilon_t}{a} = \frac{\varepsilon_c}{b} \tag{B.1}$$

Das Kräftegleichgewicht fordert, daß die resultierenden Zug- und Druckkräfte F_t und F_c gleich sind:

$$F_t = F_c \tag{B.2}$$

wobei:

$$F_t = w\, a\, \sigma_t / 2 \tag{B.3}$$

$$F_c = w\, b\, \sigma_c / 2 \tag{B.4}$$

Die Zug- und Druckmoduli sind wie folgt definiert:

$$E_t = \sigma_t / \varepsilon_t \tag{B.5}$$

$$E_c = \sigma_c / \varepsilon_c \tag{B.6}$$

Gl. (B.1) bis (B.6) ergeben:

$$b = a\sqrt{E_t/E_c} \tag{B.7}$$

Das Biegemoment (M) kann wie folgt brechnet werden:

$$M = 2\,(a\,F_t + b\,F_c)\, /\, 3 \tag{B.8}$$

Einsetzen von F_t und F_c, gegeben durch Gl. (B.3) und (B.4) ergibt:

$$M = \sigma_t\, w\, a\, (a + b)\, /\, 3 \tag{B.9}$$

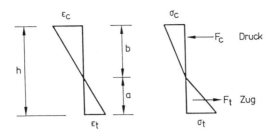

Fig. B.1: Dehnungs- und Spannungsverteilung in einem Balken mit ungleichen Zug- und Druckmoduli

Der resultierende Biegemodul E_1^f ist durch Gl. (7.1) bestimmt:

$$E_1^f = \sigma_{max} / \varepsilon_t \qquad (B.10)$$

wobei $\sigma_{max} = Mh/(2I)$ ist und:

$$E_1^f = Mh / (2I\varepsilon_t) \qquad (B.11)$$

Einsetzen von Gl. (B.9) in Gl. (B.11) ergibt:

$$E_1^f = \frac{\sigma_t\, w\, a\, (a+b)\, h}{6 I \varepsilon_t} \qquad (B.12)$$

Unter Verwendung folgender Beziehungen, $I = w h^3 / 12$ und $h = a + b$ zusammen mit Gl. (B.7) in Gl. (B.12) ergibt letztendlich:

$$E_1^f = \frac{2 E_t}{1 + \sqrt{E_t/E_c}} \qquad (B.13)$$

Diese Beziehung ist für den Vergleich zu den in Kapitel 5, 6 und 7 erhaltenen Ergebnissen nützlich. Weiterhin ist der Vergleich der am Anfang des Biegeversagens aufgezeichneten Dehnung (ε_1^f) mit jeweils den maximalen Dehnungswerten für puren Zug und Druck (ε_1^T und ε_1^C) interessant. Dies kann, neben der visuellen Inspektion von gebrochenen Proben, zusätzliche Einsicht in die Biegeversagensmechanismen geben. Zum Beispiel kann erwartet werden, daß Biegeversagen, ausgelöst durch Zugversagen der oberen Fasern, einem Wert zwischen ε_1^f und ε_1^T entspricht.

Anhang C

Korrektur für endliche Länge-zu-Breite-Verhältnisse

Um Einsicht, wie in den Einfluß des äußeren Zwanges, erzeugt durch das Einspannen der Enden einer nichtaxialen Zugprobe, zu gewinnen, geben Pagano und Halpin [HAL 68] eine analytische Lösung für die Spannungen und Dehnungen. Von den Gleichgewichts-beziehungen für ebene Spannung und den grundlegenden Gleichungen, erhielten sie eine in Spannungskomponenten ausgedrückte Gleichung. Durch Auferlegen von angenommenen Randbedingungen erhielte sie die folgenden Ausdrücke für Scherdehnung und longitudinaler Dehnung entlang der Mittellinie der Probe:

$$\gamma_{xy} = \bar{S}_{16} C_2 - \bar{S}_{66} C_0 w^2 / 4 \tag{C.1}$$

$$\varepsilon_x = \bar{S}_{11} C_2 - \bar{S}_{16} C_0 w^2 / 4 \tag{C.2}$$

wobei die Konstanten C_0 und C_2:

$$C_0 = \frac{12 \bar{S}_{16} \varepsilon_0}{3 w^2 (\bar{S}_{11} \bar{S}_{66} - \bar{S}_{16}^2) + 2 \bar{S}_{11} L_G^2} \tag{C.3}$$

$$C_2 = \frac{C_0}{12 \bar{S}_{16}} (3 \bar{S}_{66} w^2 + 2 \bar{S}_{11} L_G^2) \tag{C.4}$$

sind, in welchen ε_0 die mittlere longitudinale Dehnung der Probe, w und L_G jeweils die Probenbreite und Meßlänge ist (Fig. 9.1).

Das tatsächliche, der Endeneinspannung unterworfene Scherkopplungsverhältnis der Probe ist:

$$\eta_{xy} = \gamma_{xy} / \varepsilon_x \tag{C.5}$$

Einsetzen der Gl. (C.1) - (C.4) in Gl. (C.5) ergibt:

$$\eta_{xy} = \frac{\bar{S}_{16}}{\bar{S}_{11}} \left[1 + \frac{3}{2} \left(\frac{w}{L_G} \right)^2 \left(\frac{\bar{S}_{66}}{\bar{S}_{11}} - \left(\frac{\bar{S}_{16}}{\bar{S}_{11}} \right)^2 \right) \right]^{-1} \tag{C.6}$$

Beachte, daß für ein unendliches Länge-zu-Breite-Verhältnis (L_G/w), η_{xy} sich wie durch Gl. (9.7) gegeben $\bar{S}_{16} / \bar{S}_{11}$ nähert.

Analog zu der Ableitung des korrigierten Scherkopplungsverhältnisses kann ein Ausdruck für den tatsächlichen axialen Young'schen Elastizitätsmodul hergeleitet werden:

$$E_x^* = \sigma_x / \varepsilon_x \tag{C.7}$$

wobei σ_x und ε_x die tatsächliche Spannung und Dehnung an der Mittellinie des nichtaxialen Streifens sind. E_x^* kann durch:

$$E_x^* = \frac{E_x}{1-\xi} \tag{C.8}$$

ausgedrückt werden, wobei:

$$\xi = \frac{1}{\bar{S}_{11}} \left[\frac{3\bar{S}_{16}^2}{3\bar{S}_{66} + 2\bar{S}_{11}(L_G/w)^2} \right] \tag{C.9}$$

ist.

Untersuchung der Gl. (C.8) und (C.9) zeigen, daß E_x^* sich $E_x = 1/\bar{S}_{11}$ mit größer werdendem L_G/w nähert.

Anhang D

Einheitenkonvertierung

Größe	SI nach Englischen Einheiten	Englische Einheiten nach SI
Länge	1 m = 39,4 in 1 cm = 0,394 in 1 mm = 0,0394 in	1 in = 0,0254 m 1 in = 2,54 cm 1 in = 25,4 mm
Kraft	1 N = 0,225 lbs	1 lb = 4,445 N
Spannung	1 MPa = 145 psi	1 psi = 6,895 kPa
Arbeit	1 J = 1 Nm = 8,86 inlb	1 inlb = 0,113 J
Oberflächenenergie	1 J/m^2 = 5,71 x 10^{-3} inlb/in^2	1 inlb/in^2 = 175 J/m^2
Temperatur	°C = 0,56 °F - 17,8	°F = 1,8°C + 32
Thermischer Ausdehnungskoeffizient	α [1/°C] = 1,8 α [1/°F]	α [1/°F] = 0,556 α [1/°C]

Literaturverzeichnis

[AND 77] G.P. Anderson, S.J. Bennett und K.L. DeVries: *Analysis and Testing of Adhesive Bonds.* New York: Academic Press, 1977.

[ARC 78] M. Arcan, Z. Hashin und A. Voloshin: A Method to Produce Uniform Plane-Stress States with Applications to Fiber-Reinforced Materials. *Experimental Mechanics,* **18** (1978), S.141.

[ARO 84] C.G. Aronsson: Tensile Fracture of Composite Laminates with Holes and Cracks. Doktorarbeit, The Royal Institute of Technology, Stockholm, Schweden, 1984.

[ARR 76] R.G.C. Arridge, P.I. Barham, C.J. Farell und A. Keller: The Importance of End Effects in the Measurement of Moduli of Highly Anisotropic Materials. *J. Mater. Sci.,* **11** (1976), S.788.

[ASH 69] J.E. Ashton, J.C. Halpin und P.H. Petit: *Primer on Composite Materials: Analysis.* Westport, Connecticut. Technomic, 1969.

[ASTM] ASTM Standard E80, Part 1503, Philadelphia, Pennsylvania.

[AWE 85] J. Awerbuch und M.S. Madhukar: Notched Strength of Composite Laminates. *J. Reinf. Plast. Comp.,* **4** (1985), S.3.

[BAS 80] W.D. Bascom, R.J. Bitner, R.J. Moulton und A.R. Siebert: The Interlaminar Fracture of Organic-Matrix Woven Reinforced Composites. *Composites,* **11** (1980), S.9.

[BAT 82] K.-J. Bathe: *Finite Element Procedures in Engineering Analysis.* Englewood Cliffs, New Jersey: Prentice-Hall, 1982.

[BEL 84] G.R. Belbin: Thermoplastic Structural Composites - A Challenging Opportunity. *Proc. of the Institution of Mechanical Engineers,* England **198** (1984) 47.

[BRO 84] D. Broek: *Elemtary Engineering Fracture Mechanics.* 3.Aufl. Den Haag, Niederlande: Martinus-Nijhoff, 1984.

Literaturverzeichnis

[BUE] Buehler Ltd.: *Buehler Sampl-Kup*. Evanston, Illinois 60044.

[CAR 81] L.A. Carlsson: Out-of-plane Hygroinstbility of Multi-Ply Paperboard. *Fibre Sci. and Tech.*, **14** (1981), S.201.

[CAR86a] L.A. Carlsson, P. Sindelar und S. Nilsson: Decay of End Effects in Graphite/Epoxy Bolted Joints. *Compos. Sci. & Tech.*, **26** (1986), S.307.

[CAR86b] L.A. Carlsson, C. Eidefeldt und T. Mohlin: The Influence of Sublaminate Cracks on the Tension Fatigue Behavior of a Graphite/Epoxy Laminate. *Composite Materials: Fatigue and Fracture*, ASTM STP 907 (1986), S.361.

[CAR86c] L.A. Carlsson, J.W. Gillespie, Jr. und R.B. Pipes: On the Design and Analysis of the End Notched Flexure (ENF) Specimen for Mode II Testing. *J. Comp. Mat.*, **20** (1986).

[CCM84a] CCM: CMAP. *Composite Software Users Guide*, University of Delaware, 1984.

[CCM84b] CCM: COMPCAL-Computer Program for Laminate Analysis. *Composite Software User's Guide*, University of Delaware, 1984.

[CHO 77] I. Choi und C.O. Horgan: Saint-Venant's Principle and End Effects in Anisotropic Elasticity. *J. App. Mech.*, **44** (1977), S.424.

[CHR 79] R.M. Christensen: *Mechanics of Composite Materials*. New York: Wiley-Interscience, 1979.

[CON 65] S.D. Conte und C. de Boor: *Elementary Numerical Analysis: An Algorithmic Approach*, 2.Aufl. New York: McGraw-Hill, 1965.

[DEX] The Dexter Corporation, Hysol Division, Pittsburg, California.

[DUP] E.I. duPont de Nemours and Company, Inc., Wilmington, Delaware.

[EVA 78] A.G. Evans und W.F. Adler: Kinking as a Mode of Failure in Carbon Fiber Composites. *Acta Metallurgica*, **26** (1978), S.725.

[GIB 84] H.H. Gibbs: K-Polymer: A New Experimental Thermoplastic Matrix Resin for Advanced Structural Aerospace Applications. *SAMPE J.*, **20** (1984), S.37.

[GIL] J.W. Gillespie und L.A. Carlsson: Influence of Finite Width on Notched Laminate Strength Predictions. zu veröffentlichen in *Comp. Sci. & Tech.*

[GIL 86] J.W. Gillespie, Jr., L.A.Carlsson und R.B. Pipes: Finite Element Analysis of the End Notched Flexure (ENF) Specimen. *Comp. Sci. & Tech.*, **26** (1986).

[GRI 20] A.A. Griffith: The Phenomena of Rupture and Flow in Solids. *Phil. Trans. R. Soc.*, **A221** (1920), S.163.

[HAL 68] J.C. Halpin und N.J. Pagano: Influence of End Constraint in the Testing of Anisotropic Bodies. *J. Comp. Mat.*, **2** (1968), S.18.

[HAL 70] J.C. Halpin und N.J. Pagano: Consequences of Environmentally Induced Dilatation in Solids, in *Recent Advances in Eng. Sci.*, **5** (1970), S.3.

[HAS 83] Z. Hashin: Analysis of Composite Materials - A Survey. *J. Appl. Mech.*, **50** (1983), S.481.

[HER] Hercules Incorporated: Graphite Prepreg Tape Data. P.O. Box 98, Magna, Utha 84044.

[HOF 72] K.E. Hofer, N. Rao und D. Larsen: Development of Engineering Data on Mechanical Properties of Advanced Composite Materials. Air Force Technical Report AFML-TR-72-205, Part 1, 1972.

[HOR 72] C.O. Horgan: Some Remarks on Saint-Venant's Principle for Transversely Isotropic Composites. *J. Elasticity*, **2** (1972) 4, S.335.

[HOR 75] R.C. Hornbeek: *Numerical Methods*. New York: Quantum Publishers Inc., 1975.

[HOR 82] C.O. Horgan: Saint-Venant End Effects in Composites. *J. Comp. Mat.*, **16** (1982), S.411.

[HYE 81] M.W. Hyer: Calculations of the Room Temperature Shape of Unsymmetric Laminates. *J. Comp. Mat.*, **15** (1981), S.296.

168 Literaturverzeichnis

[IRW 58] G.R. Irwin: Fracture. *Handbuch der Physik*, **6** Flügge Hrsg. Berlin: Springer, 1958, S.551.

[JON75a] R.M. Jones: *Mechanics of Composite Materials.* New York: McGraw-Hill, 1975.

[JON75b] R.M. Jones: Mechanics of Composite Materials. Washington, D.C.: Scripta, 1975.

[JUR 82] R.A. Jurf und R.B. Pipes: Interlaminar Fracture of Composite Materials. *J. Comp. Mat.*, **16** (1982), S.386.

[KAR 83] J.L. Kardos, M.P. Dudukovic, E.L. McKague und M.W. Lehmann: Void Formation and Transport During Composite Laminate Processing: An Initial Model Framework. *Composite Materials: Quality Assurance and Processing*, C.E. Browning, Hrsg., ASTM STP 797 (1983), S.96.

[KON 75] H.J. Konish und J.M. Whitney: Approximate Stresses in an Orthotropic Plate Containing a Circular Hole. *J. Comp. Mat.*, **9** (1975), S.157.

[LAW 84] G.E. Law und D.J. Wilkins: *Delamination Failure Criteria for Composite Structures.* Final Report, NAV-GD-0053, 15. Mai 1984.

[LOO 83] A.C. Loos und G.S. Springer: Curing of Epoxy Matrix Composites. *J. Comp. Mat.*, **17** (1983), S.135.

[MAA83] D.R. Maas: Mechanical Properties of Kevlar 49/SP328. CCM-83-19, Center for Composite Materials, University of Delaware, 1983.

[MEA] Measurement Group, P.O. Box 27777, Raleigh, North Carolina.

[MUL 56] D.E. Muller: A Method for Solving Algebraic Equations using an Automatic Computer. *Mathematical Tables and Computations*, **10** (1956), S.208.

[NIL 85] S. Nilsson, L. Carlsson und P. Bergmark: Influence of Thickness on Three-Dimensional Elastic Properties of a Unidirectional Graphite/Epoxy Composite. *J. Reinf. Plast. Comp.*, **4** (1985), S.383.

[NUI 75] R.J. Nuismer und J.M. Whitney: Uniaxial Failure of Composite Laminates Containing Stress Concentrations. in *Fracture Mechanics for Composites*, ASTM STP 593 (1975), S.117.

[NVF] NVF Company: Product no. EG-873. Kennett Square, Pennsylvania.

[OBR 80] T.K. O'Brien: Characterization of Delamination Onset and Growth in a Composite Laminate. *Damage in Composite Materials*, ASTM STP 775 (1980), S.140.

[OBR 82] T.K. O'Brien, N.J. Johnston, D.H. Morris und R.A. Simonds: A Simple Test for the Interlaminar Fracture Toughness of Composites. *SAMPE J.*, **18** (1982) 4, S.8.

[OGO 80] J.M. Ogonowski: Analytical Study of Finite Geometry Plates with Stress Concentrations. AIAA Paper 80-0778, American Institute of Aeronautics and Astronautics, Inc., 1980, S.694.

[OZI 80] M.N. Ozisik: *Heat Conduction*. New York: Wiley, 1980.

[PAG 68] N.J. Pagano und J.C. Halpin: Influence of End Constraints in the Testing of Anisotropic Bodies. *J. Comp. Mat.*, **2** (1968), S.18.

[PAG 71] N.J. Pagano und R.B. Pipes: The Influence of Stacking Sequence on Laminate Strength. *J. Comp. Mat.*, **5** (1971), S.50.

[PAG 73] N.J. Pagano und R.B. Pipes: Some Observations on the Interlaminar Strength of Composite Laminates. *Int. J. Mech. Sci.*, **15** (1973), S.679.

[PET 74] R.E. Peterson: *Stress Concentration Factors*. New York: Wiley, 1974.

[PIP 70] R.B. Pipes und N.J. Pagano: Interlaminar Stresses in Composite Laminates under Uniform Axial Extension. *J. Comp. Mat.*, **4** (1970), S.538.

[PIP 73a] R.B. Pipes und B.W. Cole: On the Off-Axis Strength Test of Anisotropic Materials. *J. Comp. Mat.*, **7** (1973), S.246.

Literaturverzeichnis

[PIP 73b] R.B. Pipes, B.E. Kaminski und N.J. Pagano: Influence of the Free-Edge upon the Strength of Angle-Ply Laminates. *Analysis of the Test Methods for High Modulus Fibers and Composites*, ASTM STP 521 (1973), S.218.

[PIP 76] R.B. Pipes, J.R. Vinson und T.W. Chou: On the Hygrothermal Response of Laminated Composite Systems. *J. Comp. Mat.*, **10** (1976), S.129.

[PIP 79] R.B. Pipes, R.C. Wetherhold und J.W. Gillespie, Jr.: Notched Strength of Composite Materials. *J. Comp. Mat.*, **13** (1979), S.148.

[REU 71] R.C. Reuter: Concise Property Transformation Relations for an Anisotropic Lamina. *J. Comp. Mat.*, **5** (1971), S.270.

[ROS 65] B.W. Rosen: Mechanics of Composite Strengthening. *Fiber Composite Materials*, Metals Park, Ohio: Am. Soc. for Metals, 1965.

[RUS 85] A.J. Russel und K.N. Street: Moisture and Temperature Effects on the Mixed-Mode Delamination Fracture of Unidirectional Graphite/Epoxy. *Delamination and Debonding of Materials*, ASTM STP 876 (1985), S.349.

[RYB 77] E.F. Rybicki und M.F. Kanninen: A Finite Element Calculation of Stress Intensity Factors by a Modified Crack Closure Integral. *Eng. Fracture Mech.*, **9** (1977), S.931.

[SIH 65] G.C. Sih, P.C. Paris und G.R. Irwin: On Cracks in Rectilinearly Anisotropic Bodies. *Int. J. Fracture Mech.*, **1** (1965) 3, S:189.

[SMI 85] A.J. Smiley: Rate Sensitivity of Interlaminar Fracture Toughness in Composite Materials. MSc Thesis, University of Delaware, Okt. 1985.

[SMI 86] A.J. Smiley: Rate Sensitivity of Interlaminar Fracture Toughness in Composite Materials. CCM-86-02, Center for Composite Materials, University of Delaware, 1986.

[SPR 81] G.S. Springer: *Environmental Effects on Composite Materials*. Westport, Connecticut: Technomic, 1981.

[STA 63] Y. Stavsky: Thermoplasticity of Hetrogeneous Aelotropic Plates. *J. Eng. Mech. Div.*, **89** (1963) EM 2, S.89.

[STA]   Starlite Industries, Inc., Rosemont, Pennsylvania.

[TIM 70]   S.P. Timoshenko und J.N. Goodier: *Theory of Elasticity*. 3.Aufl. New York: McGraw-Hill, 1970.

[TIM 84]   S.P. Timoshenko: *Strength of Materials, Part 1*. 3.Aufl. Malabar, Florida: Robert E. Krieger, 1984.

[TSA 71]   S.W. Tsai und E.M. Wu: A General Theory of Strength for Anisotropic Materials. *J. Comp. Mat.*, **5** (1971), S.58.

[TSA 80]   S.W. Tsai und H.T. Hahn: *Introduction to Composite Materials*. Westport, Connecticut: Technomic, 1980.

[TSA 85]   S.W. Tsai: Composite Design - 1985. *Think Composites*, Box 581, Dayton, Ohio.

[VEL 86]   C.N. Velisaris und J.C. Seferis: Crystallization Kinetics of Polyetheretherketone (PEEK) Matrices. *Polymer Eng. & Sci.*, **26** (1986).

[WAL 86]   R. Walsh, CCM-Rerort, zu veröffentlichen, University of Delaware, 1986.

[WAN80]   A.S.D. Wang und F.W. Crossman: Initiation and Growth of Transverse Cracks and Edge Delamination in Composite Laminates. Part I. An Energy Method. *J. Comp. Mat. Supplement*, **14** (1980), S.71.

[WAN82a]   S.S. Wang und I. Chou: Boundary-Layer Effects in Composite Laminates: Part 1 - Free Edge Stress Singularities. *J. Appl. Mech.*, **49** (1982), S.541.

[WAN82b]   S.S. Wang und I. Chou: Boundary-Layer Effects in Composite Laminates: Part 2 - Free Edge Stress Solutions and Basic Characteristics. *J. Appl. Mech.*, **49** (1982), S.549.

[WAN83a]   S.S. Wang: Fracture Mechanics for Delamination Problems in Composite Materials. *J. Comp. Mat.*, **17** (1983), S.210.

[WAN83b]   S.S. Wang und I. Choi: The Interface Crack Between Dissimilar Anisotropic Materials. *J. Appl. Mech.*, **50** (1983), S.169.

[WES 39] H.M. Westergaard: Bearing Pressure and Cracks. *J. Appl. Mech.*, **6** (1939), S.A49.

[WHI 70] J.M. Whitney und J.E. Ashton: Effect of Environment on the Elastic Response of layered Composite Plates. *AIAA J.*, **9** (1970) 9, S.1708.

[WHI 74] J.M. Whitney und R.J. Nuismer: Stress Fracture Criteria for Laminated Composites Containing Stress Concentrations. *J. Comp. Mat.*, **8** (1974), S.253.

[WHI 82] J.M. Whitney, C.E. Browning und W. Hoogsteden: A Double Cantilever Beam Test for Characterizing Mode I Delamination of Composite Materials. *J. Reinf. Plast. Comp.*, **1** (1982), S.297.

[WHI 84] J.M. Whitney, I.M. Daniel und R.B. Pipes: *Experimental Mechanic of Fiber Reinforced Composite Materials*, rev. ed. Brookfield Center, Connecticut: Society for Experimental Mechanics. Englewood Cliffs, New Jersey: Prentice-Hall, 1984.

[WHI 86] J.M. Whitney, private Mitteilung, 1986.

[WIL 80] D.J. Wilkins, J.R. Eisenmann, R.A. Camin, W.S. Margolis und R.A. Benson: Characterizing Delamination Growth in Graphite-Epoxy. *Damage in Composite Materials*, ASTM STP 775 (1980), S.168.

[WU 67] E.M. Wu: Application of Fracture Mechanics to Anisotropic Plates. *J. Appl. Mech.*, **34** (1967), S.967.

[ZWE 85] C. Zweben in *Composite Materials Design Encyclpedia*, **1**, Center for Composite Materials, University of Delaware, 1985.

Sachverzeichnis

Abklinglänge, 21
Anisotrope grundlegende Beziehungen, 11
Arcan-Probe, 141
Aufleimer, 52
Ausgewogenes Laminat, 96
Aushärtezyklus, 35
Autoklav, 34

Bearbeitung von Verbundlaminaten, 41
Biegemodul, 72
Biegeverhalten, 72
Bruchmechanik, 22
Bruchzähigkeit, 123

CLS-Probe, 136

DCB-Probe, 123
Dehnungsmeßstreifen, 54
Delamination, 123
Dichte, 46, 47
Druckverhalten, 60
Duroplast-Prepreg, 32

Ebene Spannung, 11
EDT-Probe, 146
Energiefreisetzungsrate, 25
ENF-Probe, 131
Erst-Lagen-Versagen, 98

Faservolumengehalt, 44
Festigkeit gekerbter Laminate, 29, 110
Finite-Elemente-Rißschließung, 28

Grundlegende Beziehungen, 11

Hygrothermische Dehnungen, 15

IITRI-Drucktestvorrichtung, 66
Interlaminarer Bruch, 123

Kerbempfindlichkeit, 29, 110
Konstante Kraft, 26
Konstanter Weg, 26
Krümmung, 17

Laminat, 11, 17
Laminatfestigkeit, 96
Laminatschicht, 11, 17
Laminatschichtriß, 96
Laminatsteifigkeit, 19, 96
Laminattheorie, 17

Matrix-Säurelösungsverfahren, 44
Mikrofotografisches Verfahren, 47
Modenaufteilung, 27

Nachgiebigkeit, 11, 27, 123

Off-Axis-Verhalten, 85
Orthotropes Material, 11

Point-Stress-Kriterium, 110
Poissonzahl, 13, 51
Prepreg, 32, 36

Rahmenform, 38
Randeffekte, 96
Relative Kerbempfindlichkeit, 116
Reuter's Matrix, 98

Scherkopplung, 85
Schermodul, 55, 63
Scherverhalten, 63
Spannungskonzentration, 29, 110
Spannungsintensitätsfaktor, 22, 141
Spannungssingularität, 22
Stabilität des Rißwachstums, 25, 126
Stammkurve, 116

St. Venants Prinzip, 21
Superposition der Festigkeit, 114
Symmetrisches Laminat, 96

Temperaturkompensation, 80
Temperaturmeßstreifen, 79
Thermische Ausdehnung, 79, 105
Thermoplastische Prepregs, 36
Transformation der Dehnung, 13
Transformation der Nachgiebigkeit, 14, 15
Transformation der Spannung, 13
Transformation der Steifigkeit, 14, 15
Tsai-Hill-Versagenskriterium, 93
Tsai-Wu-Versagenskriterium, 89

Vakuum-Taschen-Verfahren, 33
Verarbeitung von duroplastischen Prepregs, 32
Verarbeitung von thermoplastischen Prepregs, 36
Versagensanalyse, 98
Versagenskriterium, 89, 96

Young'scher Modul, 51

Zugverhalten, 51, 96

Teubner Studienbücher

Physik/Chemie

Becher/Böhm/Joos: **Eichtheorien der starken und elektroschwachen Wechselwirkung** 2. Aufl. DM 38,–

Bourne/Kendall: **Vektoranalysis.** 2. Aufl. DM 26,80

Carlsson/Pipes: **Hochleistungsfaserverbundwerkstoffe.** DM 28,80

Daniel: **Beschleuniger.** DM 26,80

Elschenbroich/Salzer: **Organometallchemie.** 2. Aufl. DM 46,–

Engelke: **Aufbau der Moleküle.** DM 38,–

Fischer/Kaul: **Mathematik für Physiker**
Band 1: Grundkurs. DM 48,–

Goetzberger/Wittwer: **Sonnenenergie.** DM 26,80

Gross/Runge: **Vielteilchentheorie.** DM 38,–

Großer: **Einführung in die Teilchenoptik.** DM 26,80

Großmann: **Mathematischer Einführungskurs für die Physik.** 5. Aufl. DM 34,–

Heil/Kitzka: **Grundkurs Theoretische Mechanik.** DM 39,–

Heinloth: **Energie.** DM 42,–

Hennig/Rehorek: **Photochemische und photokatalytische Reaktionen von Koordinatenverbindungen.** DM 24,80

Kamke/Krämer: **Physikalische Grundlagen der Maßeinheiten.** DM 23,80

Kleinknecht: **Detektoren für Teilchenstrahlung.** 2. Aufl. DM 29,80

Kneubühl: **Repetitorium der Physik.** 3. Aufl. DM 46,–

Kneubühl/Sigrist: **Laser.** 2. Aufl. DM 42,–

Kopitzki: **Einführung in die Festkörperphysik.** DM 36,–

Kröger/Unbehauen: **Technische Elektrodynamik.** DM 39,80

Kunze: **Physikalische Meßmethoden.** DM 26,80

Lautz: **Elektromagnetische Felder.** 3. Aufl. DM 32,–

Lindner: **Drehimpulse in der Quantenmechanik.** DM 26,80

Lohrmann: **Einführung in die Elementarteilchenphysik.** DM 24,80

Lohrmann: **Hochenergiephysik.** 3. Aufl. DM 34,–

Mayer-Kuckuk: **Atomphysik.** 3. Aufl. DM 34,–

Mayer-Kuckuk: **Kernphysik.** 4. Aufl. DM 38,–

Mommsen: **Archäometrie.** DM 38,–

Neuert: **Atomare Stoßprozesse.** DM 26,80

Nolting: **Quantentheorie des Magnetismus**
Teil 1: Grundlagen. DM 36,–
Teil 2: Modelle. DM 36,–

Primas/Müller-Herold: **Elementare Quantenchemie.** DM 39,–

Raeder u. a.: **Kontrollierte Kernfusion.** DM 42,–

Rohe: **Elektronik für Physiker.** 3. Aufl. DM 29,80

Fortsetzung auf der 3. Umschlagseite